抗污电化学传感器
构建及在食品安全检测中的应用

顾　颖　樊雪静　张　琦　著

中国轻工业出版社

图书在版编目（CIP）数据

抗污电化学传感器构建及在食品安全检测中的应用 / 顾颖，樊雪静，张琦著. -- 北京：中国轻工业出版社，2025. 8. -- ISBN 978-7-5184-5330-6

Ⅰ. TS201. 6；TS207. 7

中国国家版本馆CIP数据核字第20254428E3号

责任编辑：刘逸飞　　责任终审：李建华　　封面设计：锋尚设计
版式设计：辰轩文化　　责任校对：吴大朋　　责任监印：张　可

出版发行：中国轻工业出版社（北京鲁谷东街5号，邮编：100040）
印　　刷：艺堂印刷（天津）有限公司
经　　销：各地新华书店
版　　次：2025年8月第1版第1次印刷
开　　本：787×1092　1/16　印张：10.5
字　　数：188千字
书　　号：ISBN 978-7-5184-5330-6　　定价：68.00元
邮购电话：010-85119873
发行电话：010-85119832　010-85119912
网　　址：http://www.chlip.com.cn
Email：club@chlip.com.cn

240909K1X101ZBW

前言

随着全球食品供应链的复杂化和消费者对食品安全关注度的日益提高，开发高效、灵敏且可靠的检测技术已成为食品科学领域的重要课题。电化学传感器凭借其快速响应、高灵敏度和易于微型化的优势，在食品安全检测中展现出巨大潜力。然而，实际食品样本的复杂基质包含多种非目标成分如蛋白质、糖类、脂质及微生物等，常导致传感表面污染，严重干扰检测的准确性和稳定性。如何有效解决传感表面的污染问题，是电化学传感器从实验室走向实际应用的关键挑战。

本书聚焦于抗污电化学传感器的构建及其在食品安全检测中的应用，旨在为读者提供从基础理论到实际应用的系统性参考。本书总结了目前接受度较广的三种抗污机制，探讨了聚乙二醇、多肽、两性离子材料等经典与新兴抗污材料的性能特点；系统阐述基于线性肽、L 形三合一肽、U 形四合一肽、Y 形肽、仿生磷酸胆碱等多种抗污材料的设计与优化；以构建肽基传感器、两性离子单体和聚合物传感器为例，结合先进导电复合材料和纳米材料，逐步展示了传感表面的修饰工艺、表征方法和对于四环素、万古霉素、黄曲霉毒素 B_1 等高风险污染物的检测方法的构建策略；同时聚焦于这些传感器在实际食品样品中的应用，通过实验数据与案例分析，进一步展示了所构建抗污电化学传感器在牛乳、蜂蜜、乳粉、鲜羊乳及谷物制品等多种食品基质检测中分析的准确性。

本书得益于国内外同行在抗污材料与电化学传感领域的深耕积累，同时也凝聚了课题组近年来的研究成果与实践经验。在此，谨向所有为本研究提供支持的研究团队成员及参与实验的学生致以诚挚谢意。特别感谢国家自然科学基金、云南省“兴滇英才”支持计划青年人才项目、云南省应用基础研究计划项目等的资助，以上项目为本书的完成奠定了坚实基础。

本书面向食品科学、分析化学等领域的科研人员、工程师及研究生，期待本书能为推动抗污电化学传感器的进一步发展贡献微薄之力。因水平所限，书中难免存在疏漏之处，恳请读者不吝指正。

目 录

1 绪论 ……………………………………………………1
1.1 传感表面污染 ……………………………………………… 2
1.1.1 概述 ……………………………………………… 2
1.1.2 抗污机制 ……………………………………………… 3
1.2 常见的抗污材料 ……………………………………………… 4
1.2.1 聚乙二醇 ……………………………………………… 4
1.2.2 多肽 ……………………………………………… 5
1.2.3 两性离子单体及聚合物 ……………………………………… 6
1.3 抗污电化学传感器在食品安全检测中的挑战 ……………………10
2 肽基抗污电化学传感器的构建及应用 …………………………… 13
2.1 基于线性肽的抗污电化学适配体传感器的构建及应用 ……………14
2.1.1 基于线性肽的抗污电化学适配体传感器的构建 ……………15
2.1.2 传感器性能评价及在牛乳中四环素检测的应用 ……………30
2.2 基于L形三合一肽的抗污电化学传感器的构建及应用 ……………35
2.2.1 基于L形三合一肽的抗污电化学传感器的构建 ……………37
2.2.2 传感器性能评价及在牛乳、蜂蜜、乳粉中万古霉素检测的应用 ……………53
2.3 基于U形四合一肽的抗污电化学传感器的构建及应用 ……………58
2.3.1 基于U形四合一肽的抗污电化学传感器的构建 ……………59

2.3.2 传感器性能评价及在鲜羊乳中万古霉素检测的应用 ……70
2.4 基于Y形肽的抗污电化学适配体传感器的构建及应用 ……73
2.4.1 基于Y形肽的抗污电化学适配体传感器的构建 ……74
2.4.2 传感器性能评价及在牛乳中四环素检测的应用 ……83

3 基于两性离子单体和聚合物的抗污电化学适配体传感器的构建及应用 …… 91

3.1 基于仿生磷酸胆碱的抗污电化学适配体传感器的构建及应用 ……92
3.1.1 基于仿生磷酸胆碱的抗污电化学适配体传感器的构建 ……93
3.1.2 传感器性能评价及在牛乳中四环素检测的应用 …… 110
3.2 基于两性离子磷酰胆碱材料的抗污电化学适配体传感器的构建及应用 …… 115
3.2.1 基于两性离子磷酰胆碱的抗污电化学适配体传感器的构建 …… 116
3.2.2 传感器性能评价及在牛乳、酱油和玉米粉中黄曲霉毒素 B_1 检测的应用 …… 129
3.3 基于多巴胺诱导甲基丙烯酸磺基甜菜碱一步共沉积技术的抗污电化学适配体传感器的构建及应用 …… 135
3.3.1 基于多巴胺诱导甲基丙烯酸磺基甜菜碱一步共沉积技术的抗污电化学适配体传感器的构建 …… 136
3.3.2 传感器性能评价及在牛乳中四环素检测的应用 …… 150

参考文献 …… 155

1

绪 论

1.1 传感表面污染

1.1.1 概述

电化学传感器具有灵敏度高、响应速度快的优势，广泛应用于定量检测食品中的危害物，其可将目标物与传感表面间相互作用而产生的物理或化学变化转变为电信号的变化，从而提供目标物浓度信息。常用的电化学分析方法包括线性扫描伏安法、循环伏安法、差分脉冲伏安法以及阻抗分析等。根据分析方法的不同，可将电化学传感器细分为电位型、阻抗型及伏安型等。为了提高检测分析的准确性和选择性，电化学传感器与生物识别元件联用，从而构建电化学生物传感器。电化学生物传感器主要分为生物催化传感器和亲和生物传感器。生物催化传感器通常将电化学传感器与酶联用，酶具有很高的催化活性及选择性，这种传感器往往操作简便、易小型化、成本较低。但酶的数量远少于潜在目标物的数量，且用于传感器的酶必须定期更换，故其应用受到一定限制。亲和生物传感器的识别元件通常为抗体、适配体、识别肽等，引入生物识别元件可赋予传感器选择性识别目标物的能力，故亲和生物传感器可实现对目标物的特异性捕获，为目标物的精准定量奠定了基础。

在食品安全分析中，食品种类多样、组成复杂，基质会对精准检测造成巨大干扰。检测过程中，传感表面难以避免与食品基质的接触，并极易发生传感表面污染。传感表面污染是指基质中的非目标成分（如蛋白质和细胞等污染物）通过范德瓦耳斯力、氢键、静电吸附、疏水和分子间力等相互作用在固-液两相界面发生的非特异性吸附现象[1]。表面污染的发生会干扰传感器的目标物捕获，产生噪声信号，严重影响检测的灵敏度、特异性、稳定性和准确度，是食品安全传感检测中面临的难题[2]。此外，与基质成分相比，食品安全分析中目标物的浓度通常是极低的，且许多危害因子分子质量较小。因此，避免复杂食品基质中非目标成分的干扰，实现痕量小分子目标物的高灵敏、特异性精准测定是食品科学领域的重要研究方向。

在实际检测中，样品前处理是降低食品基质干扰的常见方法，但其包含提取、分离、净化、浓缩等一系列步骤，耗时费力，无法满足高时效性的食品现场验收和监管需求。因此，开发自身能够抵抗基质污染（抗污）的传感表面是降低传感检测中基质干扰的根本方法。经过不断探索，研究者们提出了几种抗污机制，并在抗污机制的指导下提出了不同的抗污策略。许多抗污策略能够有效防止或减轻基质污染物的非特异性结合，在最少的样品前处理的基础上，最大限度实现对目标物的精准检测[3]。

1.1.2 抗污机制

抗污机制的探索源于自然界中的生物。一些生物体通过自身的进化，生长出许多具有优异抗污性能的结构，如荷叶、花瓣、鲨鱼的外表皮等，这些结构均具有优异的疏水性能，可有效避免基质污染物在其表面附着。此外，细胞膜优异的亲水性能也确保自身具备良好的抗污能力。细胞膜的骨架是一个脂质双分子层，其中包含大量的两性离子磷脂酰胆碱。两性离子磷脂酰胆碱拥有典型的两性离子结构，可以结合大量的水分子形成致密的水膜，能够有效抑制基质污染物的附着。近年来，研究者从自然界中的天然抗污材料中不断获得灵感，从而提出空间位阻、水合层、静电排斥等表面抗污机制并用于指导抗污材料和抗污策略的设计（图 1–1）。

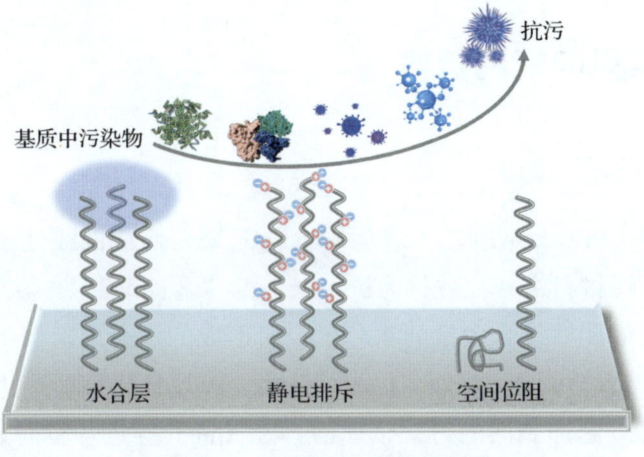

图 1–1 三种抗污机制的原理图

（1）空间位阻 研究发现，具有良好灵活性和运动性的长链材料（如长链聚乙二醇、两性离子聚合物和多肽等）会增加修饰表面的排斥体积。当蛋白质等基质污染物想要接近修饰表面时，材料的构象会发生变化，自身的灵活性下降，导致系统内吉布斯自由能急剧增加，该过程也是一个熵减的过程。此时材料的状态是不稳定的，趋向于恢复到原本的状态，从而形成强大的空间排斥作用，阻止基质污染物的吸附[4]。

（2）水合层　基质污染物和吸附表面之间形成的疏水作用可使其紧密地结合在一起。为避免这种疏水作用，在传感表面的制备中，可将具有优异亲水性能的材料修饰在表面，赋予表面优异的亲水性，从而使得水分子和基质污染物对表面的结合产生竞争作用，阻碍基质污染物的吸附[5]。此外，亲水性材料修饰的表面还会形成一层水合层，对基质污染物的吸附具有很强的物理和能量屏障。基质污染物若想实现表面吸附，必须将结合在表面的水分子从表面排出，克服能量壁垒，这一现象将进一步阻止表面污染[6]。

（3）静电排斥　在复杂的基质中，蛋白质、微生物等基质污染物可能带有正负电荷并通过静电作用在传感表面产生吸附。因此，抗污材料所携带的电荷情况会直接影响自身的抗污性能。研究数据表明，电荷整体表现为中性（所含阳离子和阴离子的比例为1∶1）的材料，其抗污性能往往优于携带单一电荷的材料[7]。因此，在抗污策略的设计中，通常遵从静电排斥原理，使传感表面呈现中性。

1.2　常见的抗污材料

1.2.1　聚乙二醇

聚乙二醇（PEG）是以乙二醇为基本单元聚合而成的线性聚合物，是最具代表性的抗污材料之一，被称为抗污材料的“金标准”[8]。大量研究证明，PEG修饰的表面能够结合大量的水分子，所形成的水合层阻挡了蛋白质的吸附，可实现有效抗污[9]。此外，Jeon等认为，PEG链压缩所产生的排斥力是阻碍蛋白质接近修饰表面的另一个原因。经Ami Ji等进一步研究发现，PEG的链长和结合密度会影响PEG修饰表面的抗污性能[10]。

PEG在表面的修饰方式也会直接影响表面的抗污性能。研究表明，通过静电作用、疏水相互作用等弱相互作用力将PEG修饰到表面的方式会导致修饰表面缺乏稳定性，从而影响抗污效果[11]。随着研究的深入，研究者已设计出通过强相互作用力修饰PEG的方法。例如，Tanaka等和Fernández等分别通过电沉积和金硫键将 PEG 修饰到钛表面和金芯片表面[12, 13]。此外，通过仿生黏附作用将 PEG 修饰到传感器表面也是目前研究的热点。Dalsin 等将贻贝蛋白中起到主要黏附作用的 3,4- 二羟基苯丙氨酸（DOPA）与 PEG 偶联，利用 DOPA 的黏附力将 PEG 固定到金、钛和二氧化钛的表面[14, 15]。与对照组相比，改性后的表面上细胞黏附率降低 98% 以上。虽然 PEG 表现出优异的抗污性能，但在空气中极易氧化，影响其稳定性，阻碍了其进一步应用和推广，因此开发稳定性更好的抗污材料是重要的研究方向。

1.2.2 多肽

多肽在自然界中扮演着多种角色，具有很好的生物相容性，且通常具有许多氨基和羧基基团，因此易于改性（图 1–2）。近年来，研究者发现一些具有特殊序列的多肽具有优异的抗污性能，在抗污传感器的构建上有巨大的潜力。

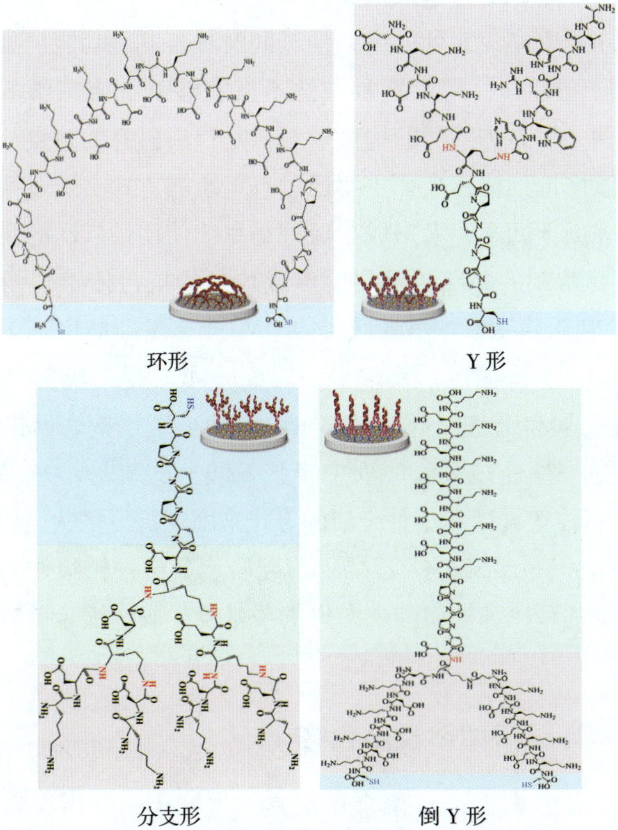

图 1–2　各种形状的多肽结构示意图

抗污多肽是以氨基酸为组成单元，人为设计的具有抗污性能的多肽序列。2009 年，研究人员首次提出将多肽作为抗污材料，并设计了一种新的抗污多肽序列［EKEKEKE-$NH(CH_2)_4SH$］。结果证明该多肽修饰的金芯片具有良好的抗蛋白质吸附能力，在单一蛋白质溶液中的吸附量低至 0.3ng/cm[16]。根据氨基酸组成的不同，可以将抗污多肽分为两亲非离子肽和两性离子肽，其中两性离子肽是指序列中含有两性离子氨基酸，且表现为电中性的特定多肽。研究证明，两性离子肽序列中所携带的带电基团可以结合更多的水分子，从而获得比两亲非离子肽更优异的抗污性能[17]。此外，两性离子肽具有生物相容性好、可工业化合成的优点，是一种极具潜力的新型抗污材料。目前，研究者已经设计出不同序列的两性离子肽，如 CAEAEPPPPQEQKQEQK[18]、EESKSESKSGGGGC[19]、DKDKDKDPPPPC[20]等。除了上述的线性多肽，具有分支形[21]、Y 形[22]、倒 Y 形[23]、环形[24]等形状的两性离子肽可在修饰表面形成更大的空间位阻，更好地抵抗非特异性吸附。此外，一些研究者提出，通过在抗污多肽序列中集成额外的序列使其同时具备其他功能，如抗酶水解[25]、抗菌[26]、特异性识别[27]等，这种方法不仅能够赋予传感器多重功能，还可以减少修饰步骤，提高传感器的构建效率，是目前研究的热点。

将抗污多肽修饰到传感表面主要通过自组装的方式。通过半胱氨酸侧链基团上的巯基和表面上的金元素形成金硫键是目前使用最广泛的自组装策略。该固定方式不需要苛刻的外部条件便可形成均匀的抗污传感表面且具备很强的稳定性。Liu 等利用磺基琥珀酰亚胺 -4-（*N*- 马来酰亚胺甲基）环己烷 -1- 羧酸盐（Sulfo-SMCC）来固定抗污多肽。Sulfo-SMCC 是一种常见的交联剂，两端分别可以与氨基和巯基反应。Sulfo-SMCC 的一端连接表面提前沉积的聚苯胺上的氨基，另一端连接多肽序列中半胱氨酸上的巯基，完成抗污多肽的修饰[21]。此外，Song 等设计了一种全新的方式来固定抗污多肽。他们在玻碳电极（GCE）表面电沉积一层聚 3,4- 乙烯二氧噻吩，其中柠檬酸作为掺杂剂。多肽序列中游离的氨基可以和柠檬酸中游离的羧基发生脱水缩合反应，实现抗污多肽的成功修饰[28]。

1.2.3 两性离子单体及聚合物

两性离子单体及两性离子聚合物也是一类重要的抗污材料。自然界中的两性离子不胜枚举，如构成细胞膜的磷脂、植物体内的甘氨酸、甜菜碱以及动物体内的牛磺酸等，因此两性离子材料通常具有良好的生物相容性[29]。两性离子同时具有正电荷和负电荷，且电荷分布均匀，基本呈现电中性，其抗污能力主要来源于阴离子、阳离子基团溶剂化结合的水合层[30]。Wu 等研究表明，两性离子结合水的能力远强于 PEG，通过对低场核磁 T2 弛豫时间进行分析，PEG 中每个氧原子可通过氢键与一个水分子相结合，而每个两性离子单元则可通过离子溶剂化作用结合 8 个水分子，强大的水合能力赋予了两性离子材料优异的抗污能力[31]。常见的两性离子单体包括甲基丙烯酸磺基甜菜碱（SBMA）、甲基丙烯酸羧基甜菜碱（CBMA）以及甲基丙烯酸磷酸胆碱（MPC）等（图 1–3）[32]。例如，2005 年由 Chen 等报道了巯基官能团化的磷酰胆碱（PC–SH）（图 1–4），其分子结构与细胞膜的主要成分磷脂类似，是一种仿生材料，PC–SH 可在金表面形成抗污分子单层，可有效抵抗纤维蛋白原的附着[33]。在此基础上，Chen 等[34]还成功设计合成了另一种仿生两性离子 oligo（PC）–SH，与 PC–SH 类似也含有巯基，但亲水性头部为寡聚磷酰胆碱，该分子通过叔胺与 2– 氯 –2– 氧 –1,3,2– 二氧磷杂环戊烷不断发生开环反应得到（图 1–4）。然而，其合成操作复杂、合成周期较长、产率较低，限制了 PC–SH 和 oligo（PC）–SH 的进一步应用。

两性离子聚合物通常指含双键两性离子单体或分别带不同电荷的单体经自由基聚合（Free radical polymerization，FRP）或原子转移自由基聚合（Atom

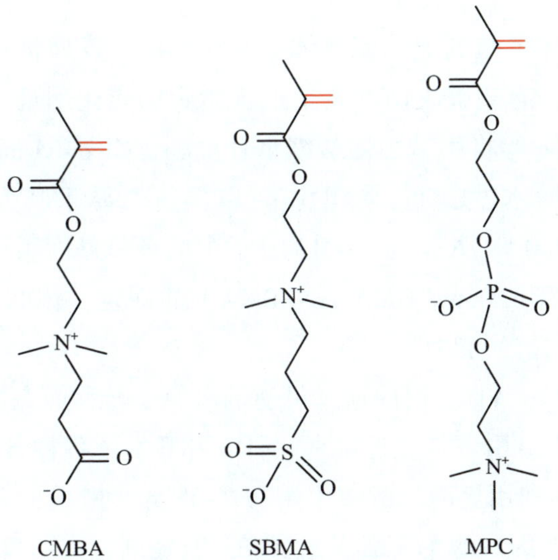

图 1–3 常见两性离子单体的化学结构

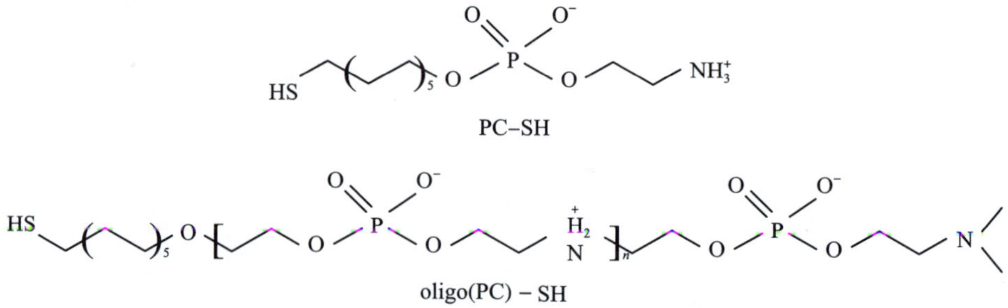

图 1-4 仿生材料 PC-SH 和 oligo（PC）-SH 的化学结构式[33, 34]

transfer radical polymerization，ATRP）反应所得的高分子化合物。根据 Lowe 等的标准，聚合物链内既含有阴离子又含有阳离子的高分子化合物即为两性离子聚合物，其中，阴离子、阳离子属于同一结构单元的称为聚内铵盐，阴离子、阳离子分属于不同结构单元的则称为聚电解质[35]。常见的 FRP 引发剂包括偶氮类（如偶氮二异丁腈）、无机过氧类（如过硫酸钾）以及有机过氧类（如过氧化二苯甲酰），这些引发剂容易生成自由基，进而引发聚合反应（图 1-5）。

图 1-5 偶氮二异丁腈均裂方程式

两性离子单体可与其他功能单体（通常具备高反应活性的官能团）通过 FRP 形成共聚物，有望解决两性离子聚合物后功能化困难、难以在基底表面锚定的问题。Chou 等将甲基丙烯酸缩水甘油酯（Glycidyl methacrylate，GMA）和 SBMA 溶于甲醇水（1∶1，体积比），以偶氮二异丁腈为引发剂，合成了 poly（GMA-co-SBMA）共聚物，GMA 分子中的环氧基团可以接枝于一系列富羟基基底，从而实现 poly（GMA-co-SBMA）的固定，该共聚物对血清蛋白、血细胞均有良好的抗污能力[36]。

如图 1-6 所示，ATRP 反应通过可逆的卤原子转移而完成，其优势在于具备各种功能的 ATRP 引发剂。近年来，研究者开发了各种含锚定基团的 ATRP 引发剂，Chang 等利用聚丙二醇单丁醚和 2- 溴异丁酰溴的亲核取代反应合成了带有疏水段（即丙二醇单丁醚）的 ATRP 引发剂，并引发 SBMA 单体聚合，成功合成了双嵌段聚合物，疏水段可通过疏水相互作用将所得聚合物固定在金表面，亲水段对蛋白质吸附具有很强的抵抗能力[37]。此外，包含巯基或多巴胺等锚定基团的 ATRP 引发剂也被合成并应用。

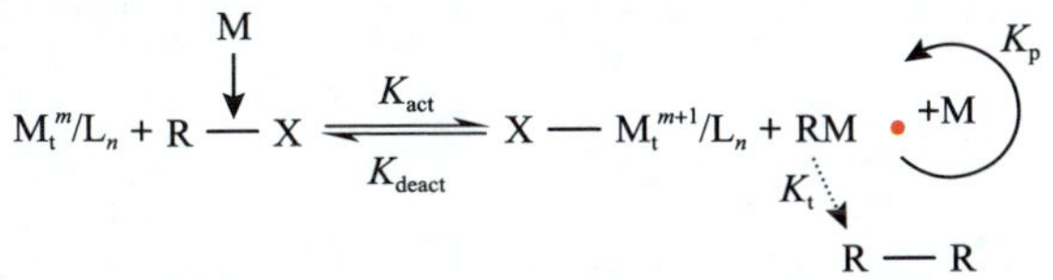

R — X：含卤ATRP引发剂；M：单体；M_t：过渡金属离子催化剂；L：配体

图 1-6　ATRP 平衡方程式

大多数两性离子材料存在后功能化困难的问题，不利于传感器的构建，而 CBMA 分子结构中的羧基使其在后功能化方面具有独特优势。Wang 等将聚苯胺游离的氨基作为反应位点，共价接枝了少量 CBMA 单体，随后利用光引发剂引发 CBMA 聚合，在聚苯胺（Polyaniline，PANI）表面制备了 PCBMA 抗污层，再利用 PCBMA 的羧基作为反应位点，进一步修饰抗体[38]，见图 1-7。然而，ATRP 等聚合反应通常对实验条件要求严苛，严格的无水无氧环境以及复杂的 ATRP 引发剂合成操作限制了两性离子聚合物的扩展应用。

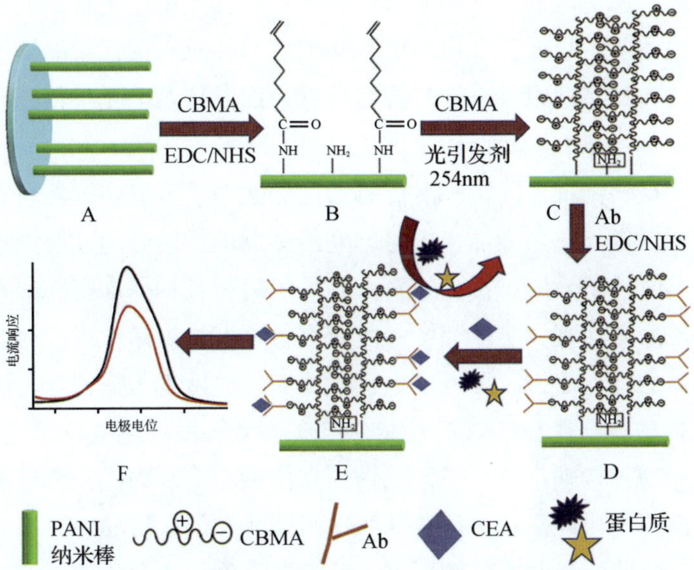

图 1-7　基于 PCBMA 的抗污癌胚抗原电化学传感器的构建

1.3 抗污电化学传感器在食品安全检测中的挑战

当前，抗污电化学传感器在食品安全检测中的应用处于起步阶段，面临着一系列挑战。如何针对食品基质组成定向设计抗污传感器、如何避免抗污材料修饰对信号转导的影响、如何合理组合抗污材料和识别元件等一系列问题亟待解决。

（1）食品种类多样，不同食品样品的组成各异，即便是同类样品，其成分比例也有不确定性，且不同基质成分与传感表面的相互作用有所差异，对传感表面的污染程度也不同。在抗污材料的设计及抗污传感表面的制备中，通常采用不同带电性的单一蛋白质溶液或混合蛋白质溶液的模拟体系来评价传感表面抗污性能，不能确保所制备的传感器在真实食品体系中的实际应用性能。例如，在实际研究过程中发现，虽然一些抗污传感表面在抗蛋白质吸附方面表现优异，但在高糖食品体系（果汁、蜂蜜、淀粉等）中，不能有效避免糖类污染物的表面吸附，故仅依靠传统的蛋白质模拟体系验证抗污性能并筛选抗污材料具有一定的局限性。因此，聚焦实际食品体系对构建适用于食品安全检测的抗污电化学传感器至关重要。如何厘清基质组成对传感表面污染的影响，针对不同组成特点的食品基质设计有效的抗污传感表面是抗污电化学传感领域面临的重要挑战。

（2）抗污材料修饰量的调控对传感器的构建至关重要。抗污材料在传感表面的修饰量不仅影响抗污性能，也是影响传感器信号转导的重要因素。根据抗污机制中的空间位阻效应，抗污材料需有一定的链长和修饰密度即在传感器上修饰的分子质量需达到一定的程度，才能具备良好的抗污性能。而对于电流型电化学传感器的构建而言，导电性决定了检测的灵敏度。链长过长或修饰密度大的抗污材料虽具有优异的抗污性能，但会很大程度影响电化学信号的转导，无法实现目标物，特别是小分子目标物的高灵敏检测。因此，合理调控抗污层的厚度、修饰密度，才能兼具传感器的抗污性能和信号转导效果。此外，开发导电性能优异的抗污材料（如两性离子导电聚合物）或在传感表面引入增敏材料（贵金属或碳纳米材料）也是解决该问题的有效方法。

（3）抗污材料和识别元件（如抗体、适配体和识别肽）的合理组合和固定化对传感器性能有重要影响。抗污单元既影响识别元件在传感表面的结合，也影响识别元件对目标物的捕获。合格的抗污层应保证对识别元件的识别性能产生尽可能少的影响。因此，如何设计抗污单元和识别元件的连接方案至关重要。通过研究发现，抗污单元和识别元件的空间排列很大程度上影响识别元件的固定化效率和传感器的整体分析性能。例如，笔者研究了同时以及先后将抗污单元（两性离子肽）和识别元件（适配体）通过金硫键固定在传感表面的同一层。对于先后固定的抗污单元和识别元件，由于传感器的表面积有限，首先固定在表面的材料（两性离子肽或适配体）总是表现出较高的密度，会阻碍后固定的材料的连接量，从而影响传感器的抗污或识别性能。而两性离子肽和适配体在适当的浓度比下同时进行修饰，可以更好地平衡它们的密度，从而获得更好的抗污和识别性能。需要注意的是，若采用同时固定抗污材料和识别元件的方法，需保证识别元件和抗污单元在空间上的合理分布即识别元件的识别区域应在空间上高于抗污层，否则抗污层所带来的空间位阻则会严重影响识别元件对目标物的有效捕获。此外，通过分层固定也可调整抗污和识别性能。分层固定是指将识别元件固定于底层的抗污层上。该方法可减少抗污层带来的空间位阻对识别元件的影响，但两步连接的制备方式会增加传感器的构建步骤和周期。研究者们仍需进一步探索构建和操作过程简单、成本低廉、功能稳定的抗污电化学传感器制备方法。

2

肽基抗污电化学传感器的构建及应用

2.1 基于线性肽的抗污电化学适配体传感器的构建及应用

四环素类抗生素是由放线菌产生的能够抑制细菌蛋白质合成的一类抗生素，具有优异的广谱抗菌活性，用于治疗革兰氏阳性菌、阴性菌引起的感染。常见的四环素类抗生素有四环素（TC）、土霉素、金霉素、强力霉素等，见图 2-1。在畜牧业中，四环素类抗生素可作为兽药使用，用于预防和治疗动物体的疾病。然而，在实际的生产过程中，一些不法商贩在利益的驱使下，存在超量使用四环素类抗生素的行为，从而可能导致动物源食品中存在过量的四环素类抗生素残留。消费者若长期食用含有过量抗生素残留的食物将会对自身的健康产生严重影响。针对这一问题，各国均对食品中四环素类抗生素所允许的最大残留量做出严格规定。例如欧盟规定：在肝脏、肾脏等组织中允许四环素类抗生素的最大残留量分别为 300μg/kg 和 600μg/kg，我国食品安全国家标准也明确规定：牛乳、羊乳中四环素类抗生素单个或组合最大残留限量为 100μg/kg，鸡蛋中最大残留限量为 400μg/kg。因此，有效的 TC 检测方法对维护食品安全、保障国民健康至关重要。

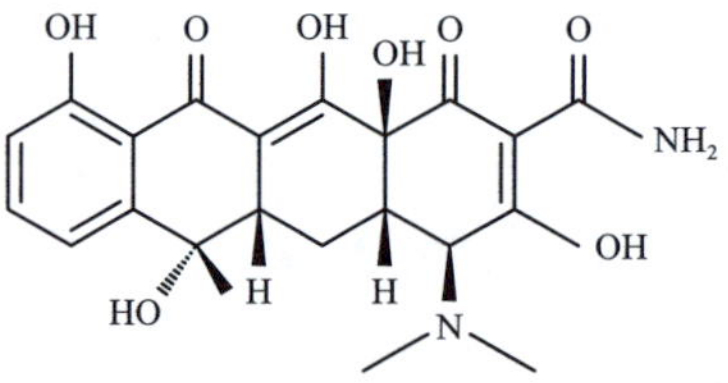

四环素

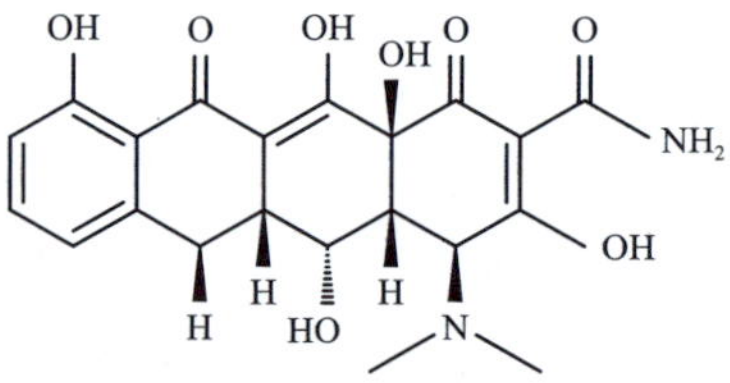

强力霉素

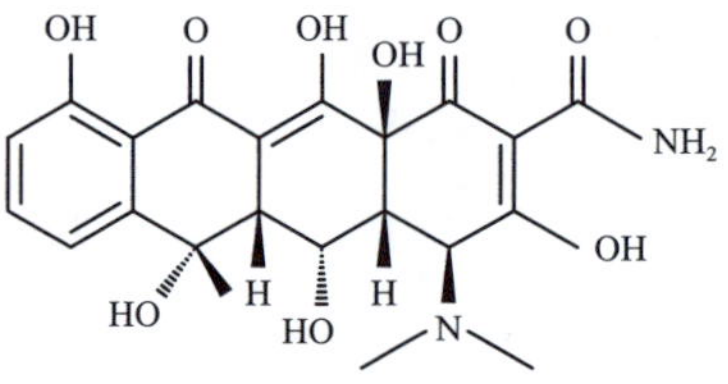

土霉素

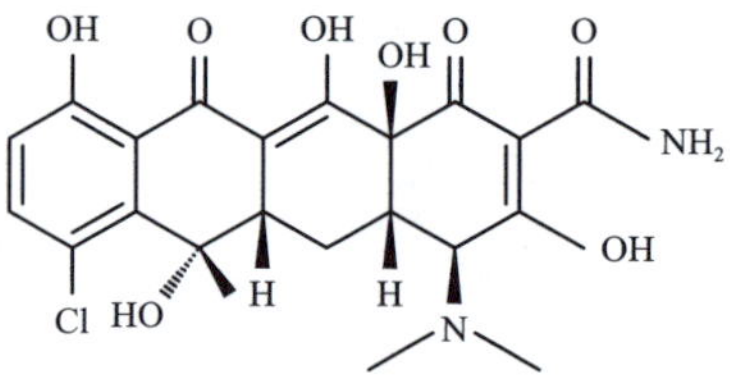

金霉素

图 2-1　常见四环素类抗生素的结构式

受到具有抗血栓功能的生物活性肽的启发，本研究设计一条新型两性离子肽序列（Z-peptide）。生物活性肽是一种具有特定氨基酸序列的多肽化合物，通常具有对人体有益的生理功能且具有更强的生物相容性[39]。该研究中涉及的生物活性肽的序列为Lys-Asp-Gln-Asp-Lys（KDQDK），它是由胰蛋白酶水解羊K-酪蛋白糖肽所释放。设计的两性离子肽的序列为NH_2-Cys-Pro-Pro-Pro-Pro-Glu-Lys-Asp-Gln-Asp-Lys（NH_2—CPPPPEKDQDK，C′—N′），包含3个片段，即锚定片段（—C）、支撑片段（—PPPP—）和抗污片段（—EKDQDK）。其中，带有巯基的半胱氨酸（C）可以与传感器表面上的金纳米颗粒（AuNPs）形成金硫键，将整个多肽修饰到传感表面。支撑片段的聚脯氨酸序列（PPPP）可以使得多肽具备α-螺旋结构，这种特殊的二级结构可以使多肽紧密、均匀地修饰在传感表面，减少基质污染物产生的非特异性吸附。抗污片段由6个亲水的两性离子氨基酸组成，有利于在修饰表面形成致密的水合层以提升抗污性能。此外，还进一步对多肽C端游离的羧基进行酰胺化，从而确保整个多肽呈现电中性。选用具有特定序列的适配体［（5′-SH-$(CH_2)_6$-）5′-CGT-ACG-GAA-TTC-GCT-AGC-CCC-CCG-GCA-GGC-CAC-GGC-TTG-GGT-TGG-TCC-CAC-TGC-GGC-GGG-TGG-ATC-CGA-GCT-CCA-CGT-G-3′，M_W=23563.3］作为识别探针以实现对TC的灵敏检测[40]。基于上述两性离子肽和适配体，开发了具备优异抗污性能的电化学传感器，用于检测牛乳中的TC残留（图2-2）。

2.1.1 基于线性肽的抗污电化学适配体传感器的构建

2.1.1.1 相关溶液配制

（1）磷酸缓冲溶液（PBS）的配制　称取71.6g磷酸氢二钠（$Na_2HPO_4 \cdot 12H_2O$）和31.2g磷酸二氢钠（$NaH_2PO_4 \cdot 2H_2O$），置于1000mL容量瓶中定容。分别得到0.2mol/L Na_2HPO_4溶液和0.2mol/L NaH_2PO_4溶液。用量筒分别量取81mL浓度为0.2mol/L的Na_2HPO_4溶液和19mL浓度为0.2mol/L的NaH_2PO_4溶液，然后加入0.9g氯化钠（NaCl），充分搅拌混匀后，得到100mL浓度为0.2mol/L的PBS溶液。进一步稀释10倍得到浓度为0.02mol/L的PBS溶液，存放于4℃环境下备用。

（2）Na_2EDTA-Mcllvaine缓冲溶液的配制　分别称取71.63g的磷酸氢二钠和21.04g的柠檬酸，分别定容至1000mL，得到0.2mol/L的磷酸氢二钠溶液和

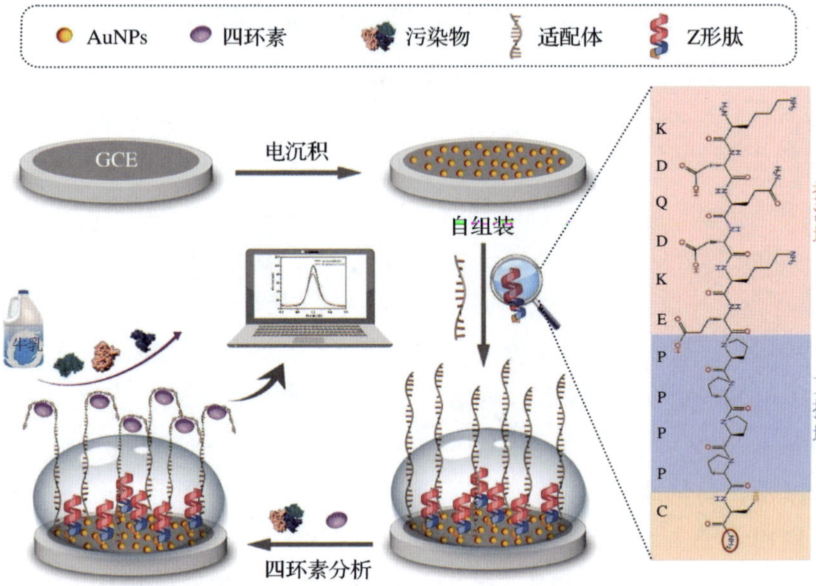

图 2-2　基于两性离子肽的抗污电化学传感器构建示意图

0.1mol/L 的柠檬酸溶液。之后将 625mL 的磷酸氢二钠溶液和 1000mL 的柠檬酸溶液混合得到 Mcllvaine 缓冲溶液。最后，称取 60.5g 乙二胺四乙酸二钠溶解至 1625mL 的 Mcllvaine 溶液中，得到 Na_2EDTA-Mcllvaine 缓冲溶液。

（3）电化学探针溶液的配制　准确称取 1646.2mg 铁氰化钾（$K_3[Fe(CN)_6]$）、2111.9mg 亚铁氰化钾（$K_4[Fe(CN)_6]$）和 14910.2mg 氯化钾（KCl）溶解在 0.02mol/L 的 PBS 溶液中，定容至 1000mL，置于 4℃下避光保存。

2.1.1.2　两性离子肽的设计与表征

本研究遵循亲水性和电中性的原则，在一条生物活性肽的基础上设计出一条新型两性离子肽序列（Z-peptide，NH_2-CPPPPEKDQDK）。同时合成一条对照肽（C-peptide，CEKDQDK）来验证两性离子肽的性能。通过网站预测两性离子肽序列中每个氨基酸的亲水性和两性离子肽的等电点（p*I*）来初步判断所设计的抗污多肽的性能。通过水接触角（WCA）测量仪和 Zeta 电位仪进一步验证两性离子肽的带电情况和亲水性大小。在步长 0.5nm、波长 190~270nm 的条件下，采用圆二色谱仪（CD）获得两性离子肽的二级结构信息。所设计合成的两性离子肽和对照肽的高效液相色谱（HPLC）图和质谱图分别如图 2-3、图 2-4 所示，多肽的纯度均≥95%，表明多肽成功合成。

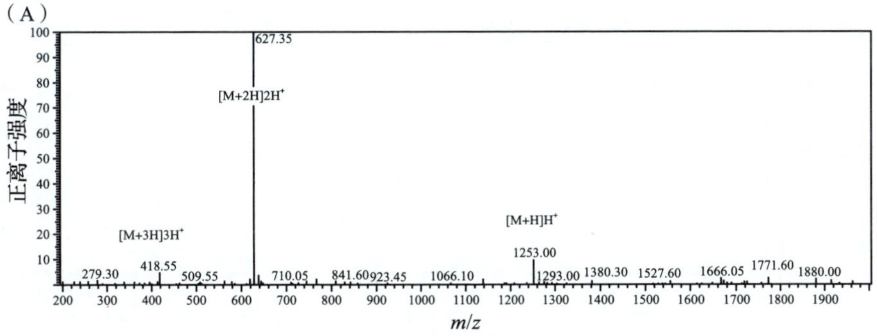

样本信息

溶解样品方法：5%HAC+8%ACN+87%H_2O
获取数据时间：2022/01/04 11:17:02
进样体积　：02μL
模块温度　：200
订单编号　：GTA61625-6
名称　：N/A
样品序列　：NH_2—KDQDKEPPPPC
批次号　：GTA61625-6-1214
理论值　：1252.39
观测值　：1252.70

接口　：ESI
雾化气体流量：1.50L/min
CDL 温度　：250°C
CDL 电压　：0V

前置偏压　：+4.5kV
检测器电压　：-0.2kV
总流量　：0.2mL/min
岛津液相流动相 B：50%H_2O/50%MeOH

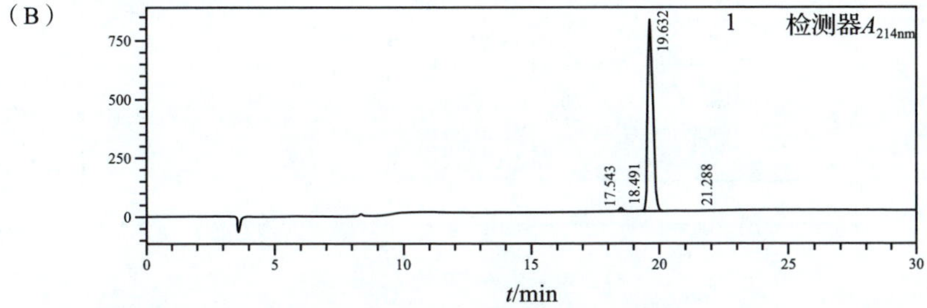

峰值表

检测器A_{214nm}

峰编号	保留时间	峰面积	峰高	面积比/%
1	17.543	9594	836	0.083
2	18.491	210606	12581	1.813
3	19.632	11122392	816486	95.728
4	21.288	276158	5542	2.377
总计		11618750	835445	100

图 2-3　Z-peptide 的电喷雾电离质谱图（A）和 HPLC 图（B）

亲水性大小、所带电荷情况和所产生的空间位阻强弱是影响抗污材料抗污性能的重要因素[41]。因此，首先对多肽的亲水性、携带电荷情况和二级结构进行了表征。良好的亲水性有助于在抗污传感表面形成水合层，以抵抗非特异性吸附[42]。网站的预测结果表明，多肽的抗污片段均为亲水性氨基酸（图 2-5）。通过测试 GCE、AuNPs/GCE 和 Z-peptide/AuNPs/GCE 的 WCA 进一步验证多肽的亲水性。WCA 实验是一种通过测量水表面张力大小来判断表面亲水性强弱的常用方法。如图 2-6 所示，GCE 的 WCA 为 55.5°±0.4°，而 AuNPs/GCE 的 WCA 为 78.0° ±1.0°。该结果表明，AuNPs 的修饰增加了传感表

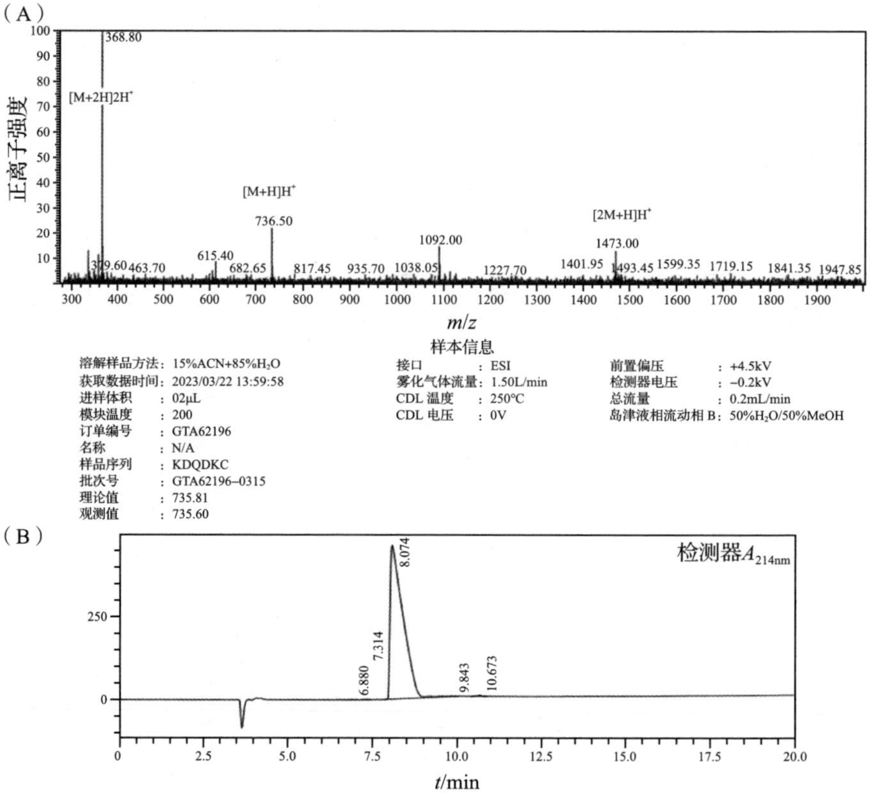

检测器 A_{214nm}

峰值表

峰编号	保留时间	峰面积	峰高	面积比/%
1	6.880	8396	587	0.069
2	7.314	4732	553	0.039
3	8.074	12017012	465568	98.367
4	9.843	146194	1666	1.197
5	10.673	40145	3924	0.329
总计		12216480	472297	100

图 2-4　C-peptide 的电喷雾电离质谱图（A）和 HPLC 图（B）

面的疏水程度，这与已报道的结果一致。在将多肽修饰到 AuNPs/GCE 表面后，WCA 下降到 28.9°±1.1°，而 PEG 修饰表面的 WCA 为 37.1°±0.6°，该现象表明所设计的多肽具有良好的亲水性。通过量子化学计算得出，多肽与水分子的相互作用能为 14.8kcal/mol（61.9kJ/mol），而 PEG（抗污材料的“金标准”）与水分子的相互作用能仅为 5.5kcal/mol（23.0kJ/mol）（图 2-7），表明所设计的多肽相较 PEG 具有更强的亲水性，与实验结果一致。

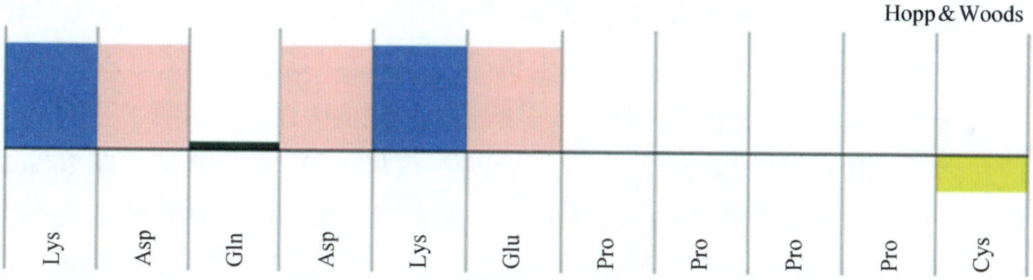

图 2-5 通过网站预测的两性离子肽的亲水性

（注：Hopp & Woods 法是计算疏水性的一种方法，按一定规则给氨基酸赋值）

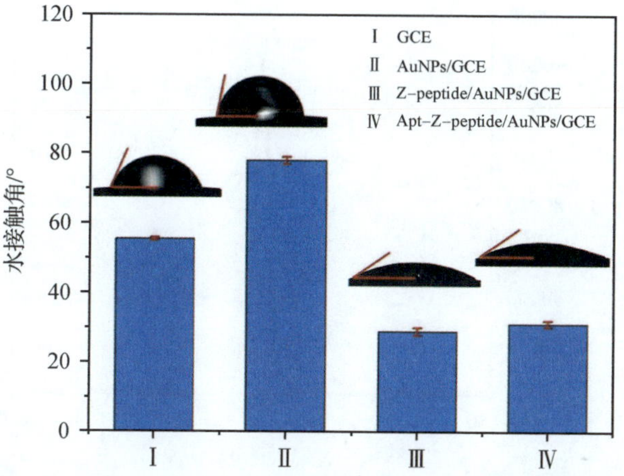

图 2-6 GCE，AuNPs/GCE，Z-peptide/AuNPs/GCE 和 Apt-Z-peptide/AuNPs/GCE 的 WCA 图像

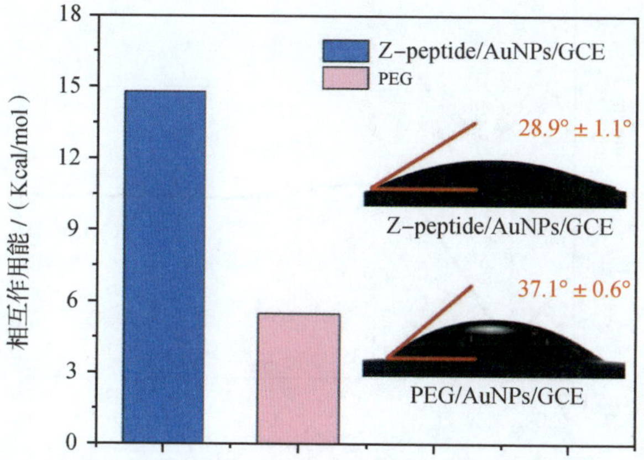

图 2-7 Z-peptide/AuNPs/GCE 和 PEG 与水分子的相互作用能

电中性对防止静电吸附有至关重要的作用。本研究通过 Zeta 电位测试和网站预测多肽的 pI 来判断多肽的带电情况。如图 2–8 所示，多肽的 Zeta 电位约为 0mV，pI 约为 7，该结果证明该多肽整体呈现电中性。采用圆二色谱仪对两性离子肽和对照肽的二级结构进行了表征（图 2–9）。结果显示，在 205nm 附近有一强负吸收带和在 225nm 附近有一弱正吸收带，这是由聚脯氨酸产生的 α– 螺旋的光谱特征[43]。与此对应的是，对照肽的光谱则显示对照肽为无序结构[44]。α– 螺旋结构允许肽链更紧密的包装，从而增强空间位阻，这有助于防止基质污染物吸附在修饰表面上。

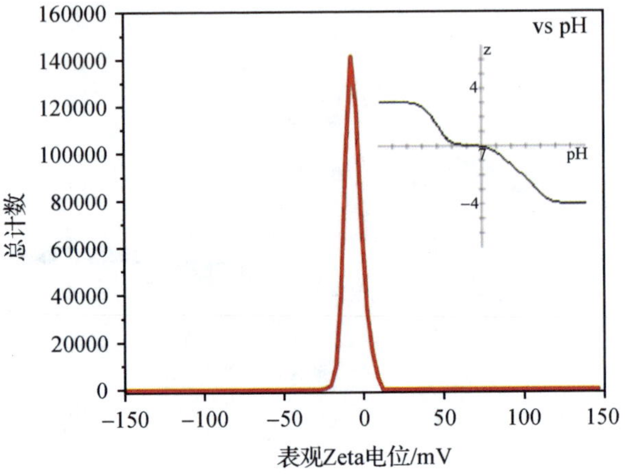

图 2–8　两性离子肽的 Zeta 电位和 pI 预测

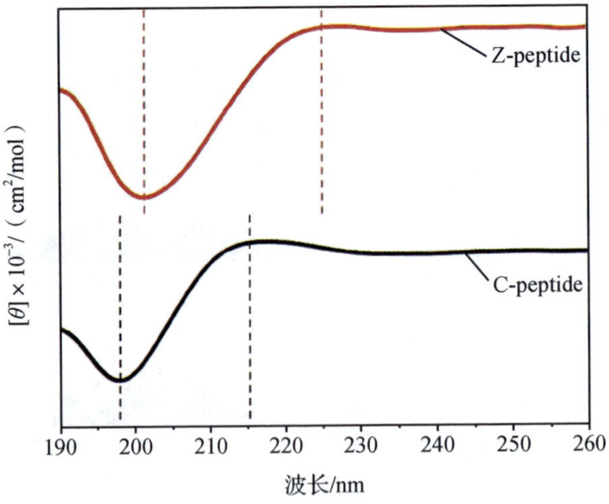

图 2–9　两性离子肽和对照肽的 CD 光谱图

2.1.1.3 传感表面的制备与表征

在制备之前，将 GCE 置于 0.3μm 和 0.05μm 的氧化铝浆料中进行打磨，然后分别使用无水乙醇和超纯水将其表面残留的铝粉洗涤干净。在 -1.5~0.5V 的电压范围下，在浓度为 2.5mmol/L 的氯金酸溶液中使用循环伏安法（CV）在 GCE 上沉积 AuNPs，得到 AuNPs/GCE。然后，对两性离子肽和适配体的修饰浓度进行了优化。在最佳浓度下，将 AuNPs/GCE 浸泡在多肽和适配体混合溶液中 12h，然后用超纯水彻底冲洗结合不牢的多肽和适配体，得到修饰完成的传感器（Apt–Z–peptide/AuNPs/GCE）。构建完成的传感器在使用前储存在 0.2mol/L 的 PBS 缓冲溶液中。以同样的参数构建对照肽修饰的电极（C–peptide/AuNPs/GCE）。

通过优化多肽和适配体的浓度，使得传感器获得更好的抗污性能和识别性能（图 2–10）。将两性离子肽溶解于浓度为 0.01mg/mL 的三（2– 羧乙基）膦中以制备浓度为 0.05，0.1，0.2，0.3，0.4mg/mL 的多肽溶液。使用电化学工作站测量并记录电极在不同多肽溶液中浸泡后的差分脉冲伏安法（DPV）峰值，并计算浸泡前后的电信号抑制率。结果显示当多肽浓度逐渐增加时，所产生电信号的抑制率逐渐增加并在 0.2mg/mL 处达到稳定，表明多肽的修饰量随着浓度的增加而增加并在 0.2mg/mL 处达到饱和。因此，在保证最佳抗污性能和最低检测成本下，确定 0.2mg/mL 为多肽的最佳浓度。

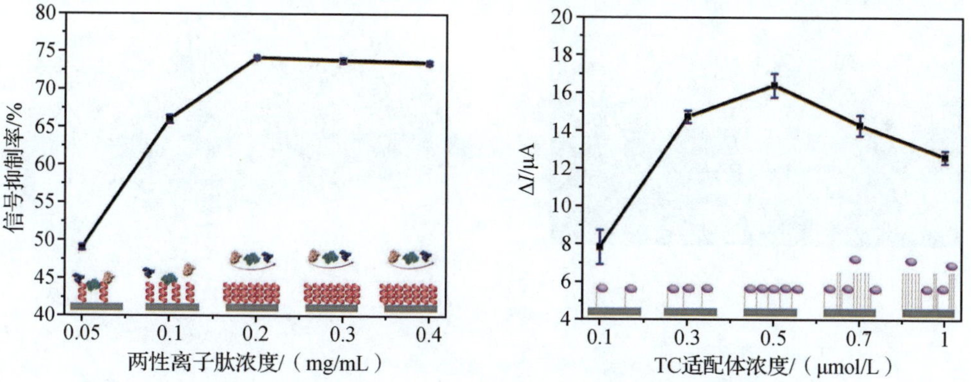

图 2–10 两性离子肽浓度和 TC 适配体浓度的优化

固定适当的适配体对于传感器识别目标物是至关重要的[45]。本研究将不同浓度（0.1，0.3，0.5，0.7，1.0μmol/L）的适配体所修饰的电极与浓度为

100ng/mL 的 TC 标准溶液共同孵育 30min。通过计算孵育前后产生的峰值电流信号变化（ΔI）来确定适配体的最佳修饰量。结果显示，随着适配体浓度的增加，ΔI 逐渐增大，并在 0.5μmol/L 时达到峰值。该结果可能因为在一定范围内，随着修饰的适配体数量增加，更多的 TC 被适配体捕获，而过多的适配体将导致修饰密度过高，阻碍适配体自身的折叠从而影响传感器的识别性能。由此确定 0.5μmol/L 为适配体的最佳浓度。

为确保传感器的成功构建，对传感器的构建过程进行了一系列表征。首先研究了 AuNPs 修饰后的 GCE 电化学性能和表面形貌。AuNPs 的修饰显著促进了电极的电子传递，使得电极的 DPV 信号响应从 300μA 上升至 383μA。通过扫描电子显微镜（SEM）和原子力显微镜（AFM）对 AuNPs/GCE 的形貌进行了分析（图 2-11）。SEM 图像显示电极表面显示出一些均匀的纳米级颗粒。AFM 测试也得到了类似的结果，AuNPs/GCE 的表面形貌呈现均匀颗粒。以上结果均证明 AuNPs 成功修饰在电极表面。经过后续适配体和两性离子肽的修饰，电极的性质发生了相应的变化。适配体和多肽均具有绝缘性，当其修饰到电极表面时，会阻碍电极表面的电子转移，DPV 信号也会发生相应的变化。结果如图 2-12 所示，当适配体和多肽完成修饰后，DPV 信号从 382μA 降低至 92μA。

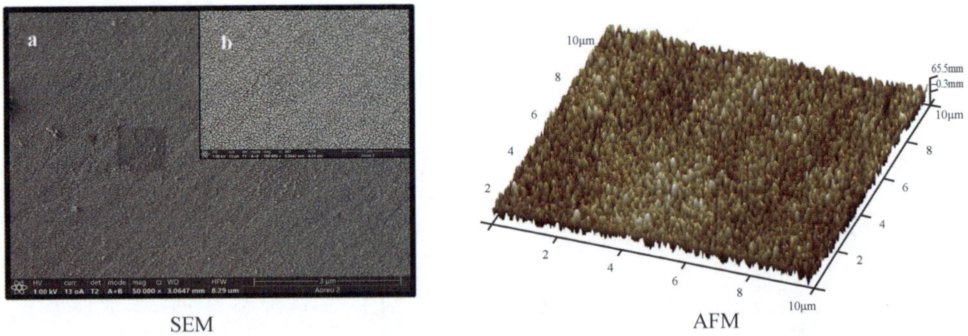

SEM　　AFM

图 2-11　AuNPs 修饰后的 SEM 和 AFM 图像

为进一步证明适配体和多肽的成功修饰，利用 X 射线光电子能谱（XPS）分析仪对修饰过程做了进一步的表征。如图 2-13 所示，XPS 能谱显示的元素组成在适配体和两性离子肽修饰前后显示出相应的变化，即在适配体和两性离子肽的修饰表面能谱上 399.43eV 处出现了 N_{1s} 的峰，这是适配体和两性离子肽

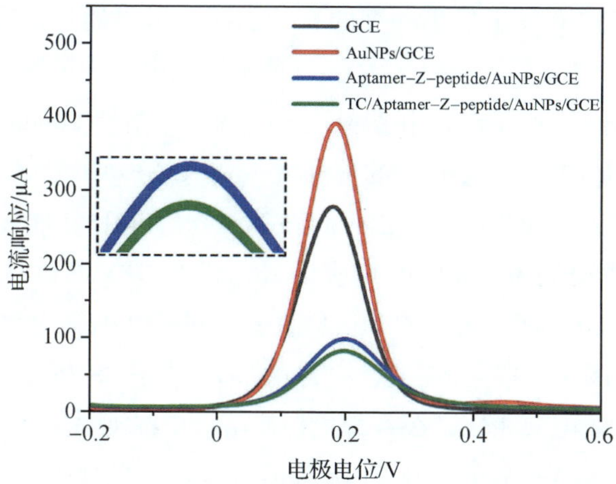

图 2-12 $[Fe(CN)_6]^{3-/4-}$（5.0mmol/L，0.2mol/L KCl）中各种电极的 DPV 响应

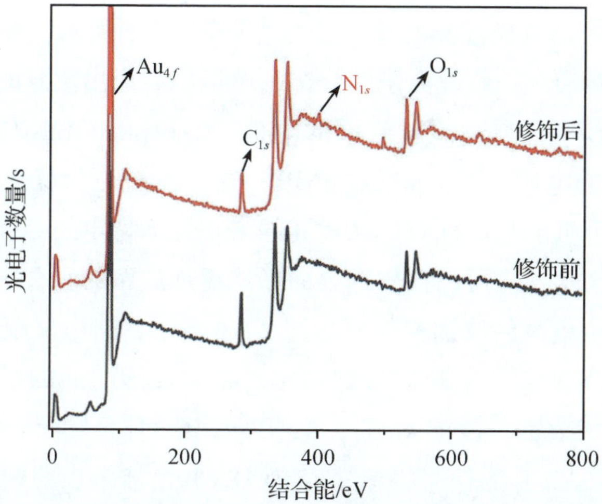

图 2-13 两性离子肽、适配体修饰前后表面的 XPS 能谱

的特征元素峰。此外，与修饰前表面相比，修饰后的表面能谱显示更大的 O_{1s}（532.25eV 处）元素峰值。XPS 能谱的结果进一步表明适配体和两性离子肽的成功修饰。上述研究结果共同证明了该传感器的成功构建。

2.1.1.4 传感器抗污性能测试

对所制备的传感器在不同蛋白质溶液中的抗污性能进行了评价。当蛋白质吸附到电极上时，由于蛋白质的绝缘性，将会导致电极的导电性降低从而导致 DPV 峰值电流的下降，若电极具有优异的抗污性能，则会阻碍蛋白质的吸附，DPV 信号将会发生最小程度的变化。因此可以通过记录不同电极浸泡前后的 DPV 信号来评估抗污性能。将三种不同带电情况的蛋白质［牛血清白蛋白（BSA）、溶菌酶（LYS）和肌红蛋白（Mb）］溶于 20mmol/L PBS 缓冲溶液中。然后使用 DPV 测试不同的修饰电极（AuNPs/GCE、C-peptide/AuNPs/GCE 和 Z-peptide/AuNPs/GCE）在不同浓度（0.1，1.0，10.0mg/mL）的 BSA、LYS、Mb 溶液中浸泡 30min 后的响应信号。以上 DPV 测试在含有 5.0mmol/L $[Fe(CN)_6]^{3-/4-}$ 和 0.2mol/L KCl 的 PBS 缓冲液中进行，振幅为 50mV，脉冲时间为 0.5s，电位范围为 -0.2~0.6V，增幅为 4.0mV。如图 2-14 所示，与未修饰多肽和修饰对照肽的电极相比，在各种蛋白质溶液中浸泡后，修饰有两性离子肽的电极（Z-peptide/AuNPs/GCE）的 DPV 信号仅发生轻微的变化。该现象说明经过两性离子肽修饰的电极表面展现出优异的抗蛋白质吸附能力。

进一步通过计算不同电极在不同蛋白溶液中浸泡后产生的信号抑制率来证明两性离子肽修饰电极优异的抗污性能。如图 2-15 所示，在不同种类、不同浓度下的蛋白溶液中，两性离子肽修饰的电极均表现出优异的抗污性能，信号抑制率低至 3.61%。与对照肽修饰的电极（C-peptide/AuNPs/GCE）相比，两性离子肽修饰的电极（Z-peptide/AuNPs/GCE）具有更为优异的抗污性能，造成该结果的原因可能与两性离子肽优异的亲水性和特定的二级结构有关。两性离子肽优异的亲水性能可以在修饰表面形成更加致密的水合层，而特定的二级结构则可以产生更高的修饰密度。如图 2-16 所示，将电极浸泡在 BSA 中，计算不同浸泡时间下所产生的信号抑制率。随着浸泡时间的增加，更多的蛋白质吸附到了电极表面。浸泡 4h 后，AuNPs/GCE 的信号抑制率高达 93.6%，而 Z-peptide/AuNPs/GCE 的信号抑制率仅为 18.8%。结果表明两性离子肽修饰的电极具有良好的长期抗污性能。

此外，为了进一步探究两性离子肽修饰表面的抗污性能。本研究使用装有流动注射装置的石英晶体微天平（QCM）测定了 BSA 在两性离子肽修饰的金芯片（QAuE）上的非特异性吸附。以 20μL/min 的速率，将浓度为 1mg/mL 的 BSA 持续注射到两性离子肽修饰的金芯片上，持续 30min，记录该过程中的频率变化（ΔF）。未修饰两性离子肽的电极作为对照组。结果如图 2-17 所示，当持续注射 30min 后，未修饰多肽的电极表面的 ΔF 为 -155.44Hz，而经过两性离子肽修饰的电极表面的 ΔF 为 -18.75Hz。结果表明修饰有两性离子肽的电极吸附了更少量的蛋白质。

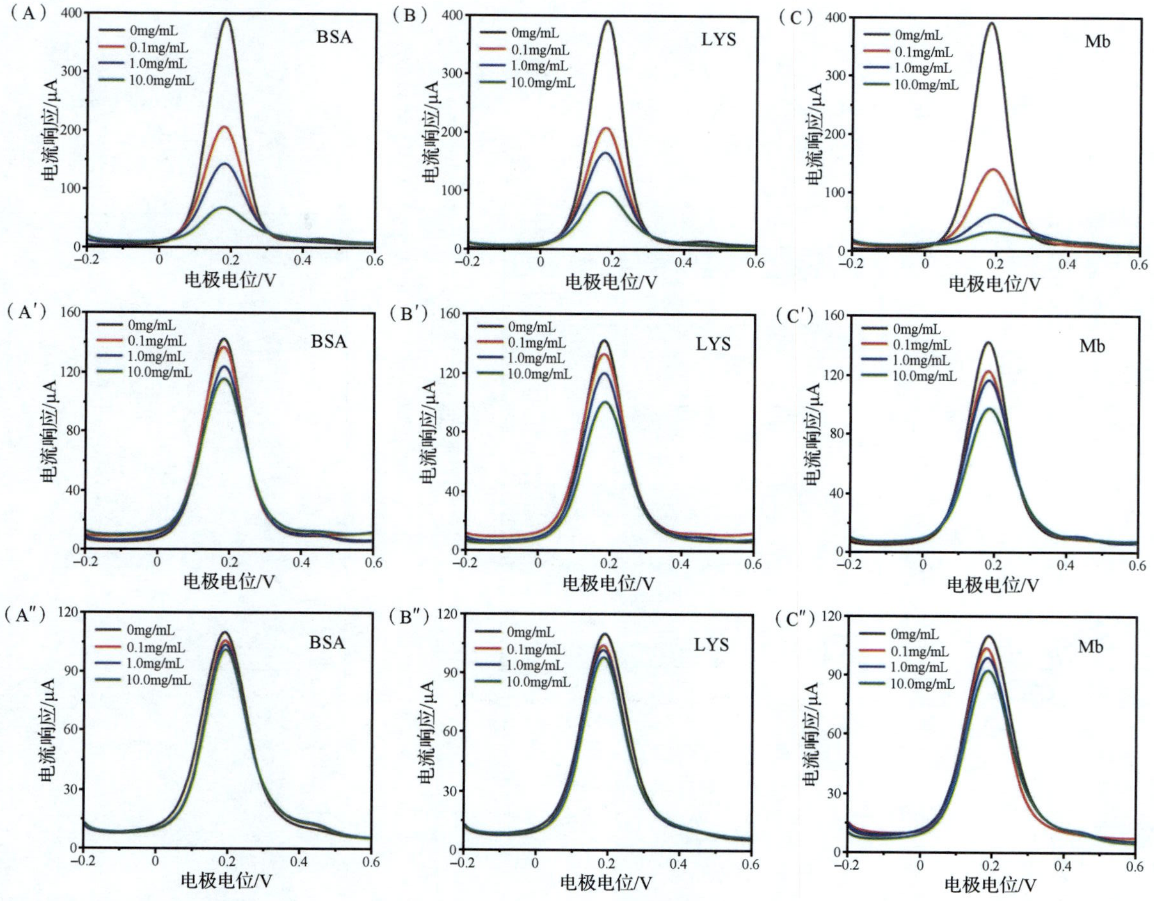

图 2-14 AuNPs/GCE（A~C）、C-peptide/AuNPs/GCE（A'~C'）和 Z-peptide/AuNPs/GCE（A"~C"）在不同浓度的 BSA、LYS 和 Mb 溶液中浸泡后的 DPV 响应曲线

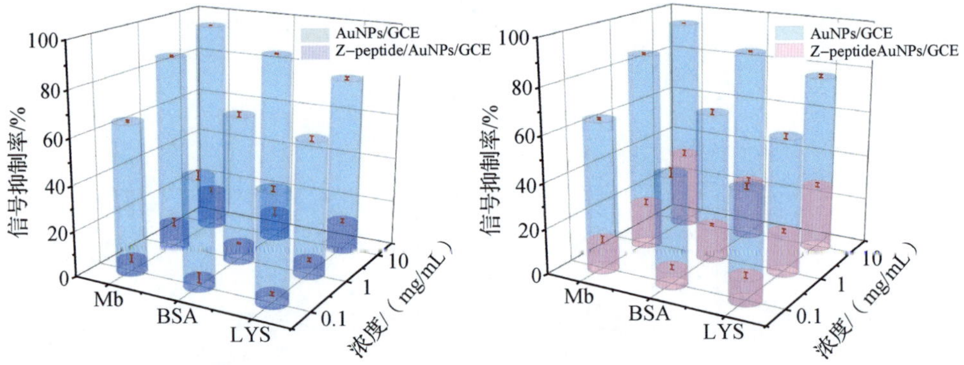

图 2-15　不同电极在不同浓度的不同蛋白质溶液中浸泡后的信号抑制率

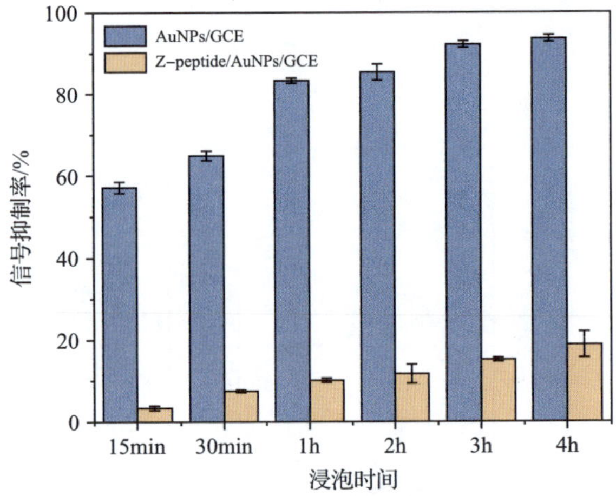

图 2-16　AuNPs/GCE、Z-peptide/AuNPs/GCE 在 1mg/mL 的 BSA 中的长期抗污性能测试

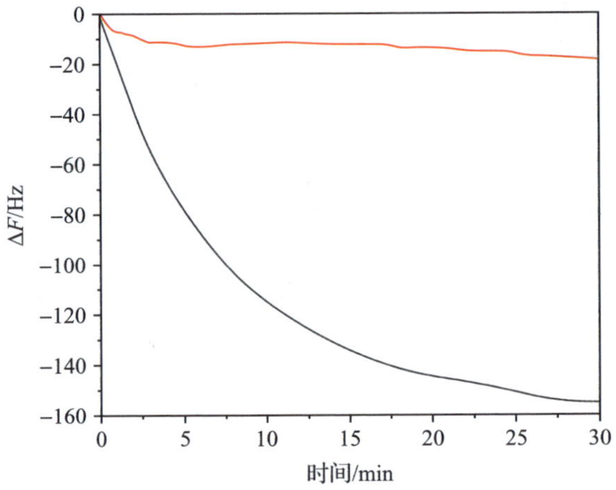

图 2-17　不同的金芯片在 1mg/mL 的 BSA 持续流动侵染 30min 的 ΔF

（黑色是未经修饰的 QAuE，红色是两性离子肽修饰的 QAuE）

在进行食品安全分析时，食品样品中除了存在蛋白质类基质污染物外，还存在许多其他类型的基质污染物。因此，单一的蛋白质溶液并不能很好地还原实际的检测环境。除了探究两性离子肽修饰的电极在各种单一蛋白质溶液中的抗污性能外，还探究了两性离子肽所修饰电极在牛乳样品中的抗污性能。在室温下将 AuNPs/GCE、C-peptide/AuNPs/GCE 和 Z-peptide/AuNPs/GCE 浸泡在不同稀释比（1%、3%、5%、10%、15% 和 25%）的牛乳样品中 30min，记录浸泡前后的 DPV 信号，结果如图 2-18 所示，未修饰两性离子肽的电极（AuNPs/GCE）即使在 1% 的牛乳溶液中，其产生的信号抑制率也高达 76.00%，而两性离子肽修饰后的电极（Z-peptide/AuNPs/GCE）的信号抑制率低至 1.87%。当牛乳的浓度增大时（稀释比为 25%），Z-peptide/AuNPs/GCE 的信号抑制率也仅为 19.93%，而 AuNPs/GCE 的信号抑制率高达 85.86%。以上结果表明，经两性离子肽修饰后的表面在稀释后的牛乳样品中仍能保持良好的抗污性能。

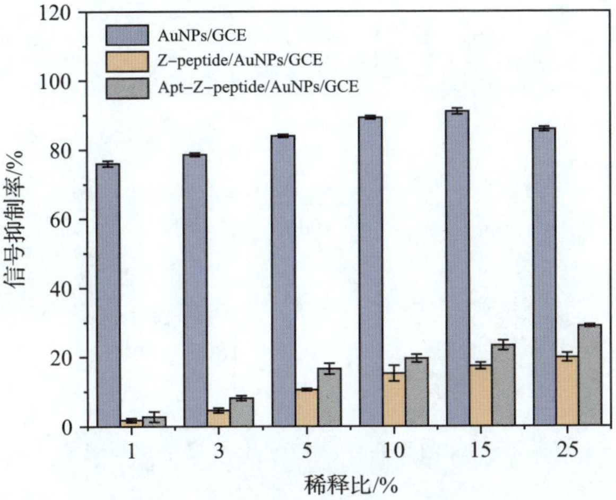

图 2-18 在牛乳样品中的抗污能力测试

2.1.1.5 分子动力学模拟

为探究两性离子肽的抗污机制，采用计算机模拟的方法研究了多肽分子的水合动力学。量子化学计算采用 Gromacs 09 程序包，使用 B3LYP-D32/6-31G（d）进行完全几何优化，以确定所有静止点的位置。在 M06-2x/6-311+G（d，p）（D3）能级上由零点振动效应修正吉布斯自由能。分子动力学（MD）模拟采用 Gromacs 2018.4 程序，在恒温恒压、等温等容以及周期性边界条件下进行。首先构建两个 6.0nm × 6.0nm × 6.0nm 的模拟盒子，并分别向两个盒子中随机填充两个 PEG 分子和两个多肽分子组成模拟体系。PEG 分子采用 Gaff2 全原子力场，多肽分子采用 AMBER14SB 全原子力场，水分子采用 TIP3P 水模型。在 MD 模拟中，所有的氢键都受到 Lincs 算法的约束，积分步长为 2fs。采用粒子网 Ewald（PME）法计算静电相互作用。非键交互截止值设置为 10Å（1nm），每 10 步更新一次。V-rescale 温度耦合法模拟温度为 298.15K，Parrinello-Rahman 法模拟压力为 1bar（100kPa）。为了消除原子间接触过密的现象，采用最陡下降法使四种体系的能量最小。在 298.15K 和 100ps 下进行等温平衡模拟，进行 100ns 的模拟，每 10psf 存储一次构象，并利用 Gromacs 嵌入式程序和 VMD 对模拟结果进行可视化。

本研究使用抗污材料的“金标准”PEG 作为对照。MD 模拟快照显示，经过 100ns 的模拟计算后，大量的水分子聚集在多肽分子周围（图 2-19）。

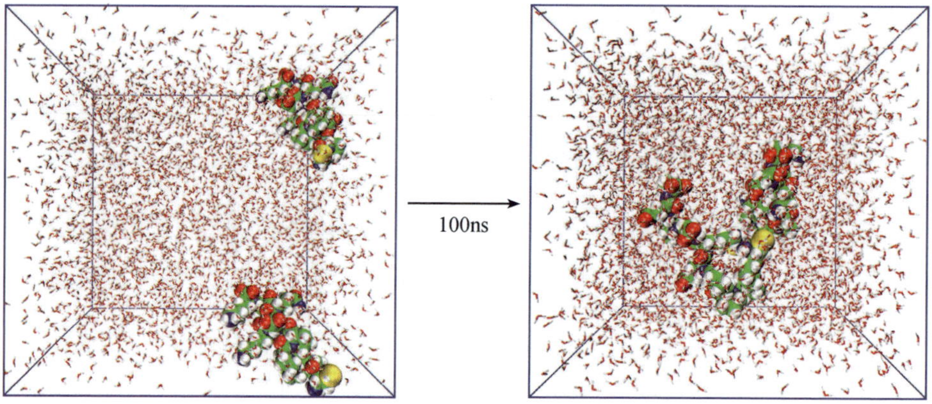

图 2-19　两性离子肽的分子动力学模拟快照

溶剂可及表面积（SASA）是评价分子亲水性的重要指标[46]。当分子的亲水性较弱时，分子通常会在水中聚集，这时 SASA 会有一定程度的降低。图 2-20 显示了两个系统的 SASA 随模拟时间的变化。总的来说，PEG 分子系统的 SASA 在模拟过程中显著降低，初始状态为 49.306nm^2，整个过程的平均值为 30.822nm^2。在多肽分子系统中，虽然 SASA 在模拟过程中有一定程度的波动，但总体呈现上升趋势，初始 SASA 为 27.056nm^2，平均值为 28.663nm^2。结果表明，多肽分子在水中较为松弛，不发生折叠，初步表明多肽的亲水性强于 PEG。

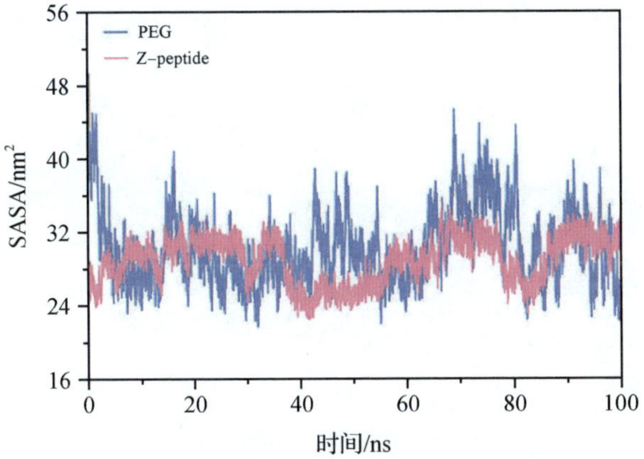

图 2-20　两系统中 SASA 随模拟时间的变化图

如果材料更亲水，将与水分子间产生更多的氢键。因此，本研究比较了两体系中形成的氢键数量。如图 2-21 所示，多肽分子与水分子之间的平均氢键数为 97.567，显著高于 PEG 分子与水分子之间的氢键数（42.073），结果进一步表明，所设计的两性离子肽的亲水性强于 PEG。

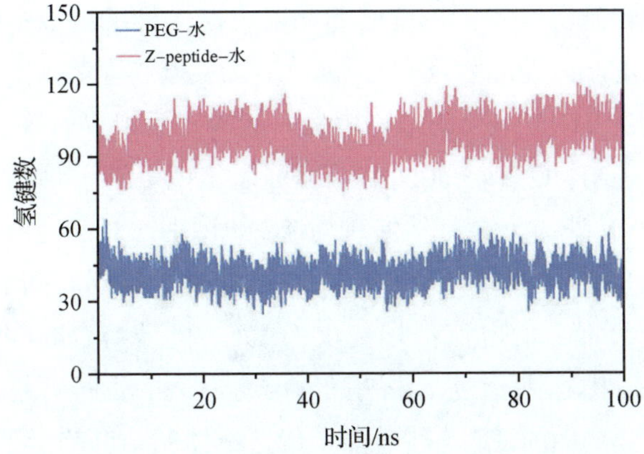

图 2-21　两系统中形成氢键数量随模拟时间的变化图

此外，进一步比较了 PEG 分子、两性离子肽分子与水分子之间的相互作用力（图 2-22）。通过材料与水分子结合所产生的静电能和范德瓦耳斯能之和来表示相互作用力的大小。这些相互作用能直接反映了 PEG 分子和多肽分子的亲水性。多肽与水的平均静电能和平均范德瓦耳斯能分别为 –4808.257kJ/mol 和 –290.165kJ/mol。PEG 与水之间的平均静电能及范德瓦耳斯能的平均值分别

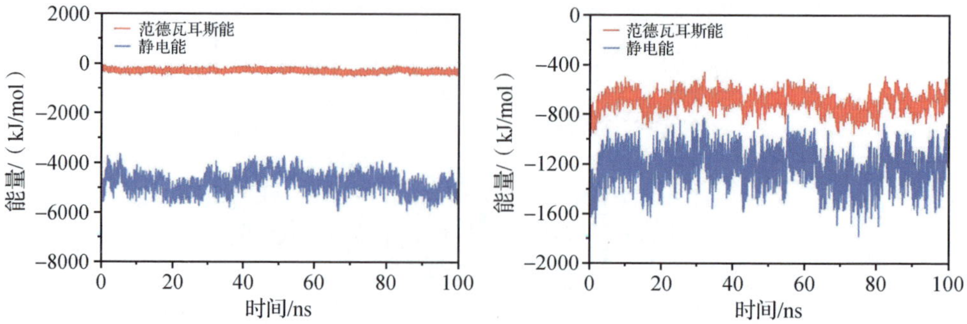

图 2-22 两性离子肽分子（左）、PEG（右）与水分子之间的相互作用能随模拟时间的变化图

为 –1222.639kJ/mol 和 –695.735kJ/mol。以上结果均表明，所设计的两性离子肽具有良好的亲水性能，与 WCA 测试结果一致。

2.1.2 传感器性能评价及在牛乳中四环素检测的应用

2.1.2.1 四环素的定量分析

将构建好的传感器在不同浓度的四环素（TC）标准溶液中孵育 30min，记录孵育前后的 DPV 曲线，验证传感器对 TC 的线性响应范围。如图 2–23 所示，将相同浓度的 TC 与不同的修饰电极一起孵育后，仅修饰有适配体的电极（Apt–Z–peptide/AuNPs/GCE）的 DPV 信号显示出明显地下降，表明 TC 适配体可有效捕获 TC。此外，为更好地实现对 TC 的识别，对孵育时间进行了优化。如图 2–24 所示，将构建好的传感器与 TC 溶液进行不同时间的孵育，最佳孵育时间取决于孵育前后的电流信号变化（ΔI）。随着孵育时间的延长，ΔI 逐渐增高并在 40min 时达到稳定，说明随着孵育时间的延长，越来越多的 TC 被传感器捕获并在 40min 时 TC 与传感器上的适配体的结合趋于平衡。

在最佳条件下，利用所构建的电化学传感器对 TC 进行检测。将传感器与不同浓度的 TC 共同孵育，记录传感表面的 DPV 信号变化。如图 2–25 所示，在更高浓度的 TC 溶液中，传感器可捕获到更多的 TC 从而导致 DPV 信号的逐渐降低。在 0.01~100ng/mL 范围内，DPV 信号的变化与 TC 浓度的对数呈现线性关系。线性拟合函数为 $\Delta I=I_0-I=2.65\lg c+12.86$，$R^2=0.992$（图 2–26），最低检出限为 2.91pg/mL（$S/N=3$）。

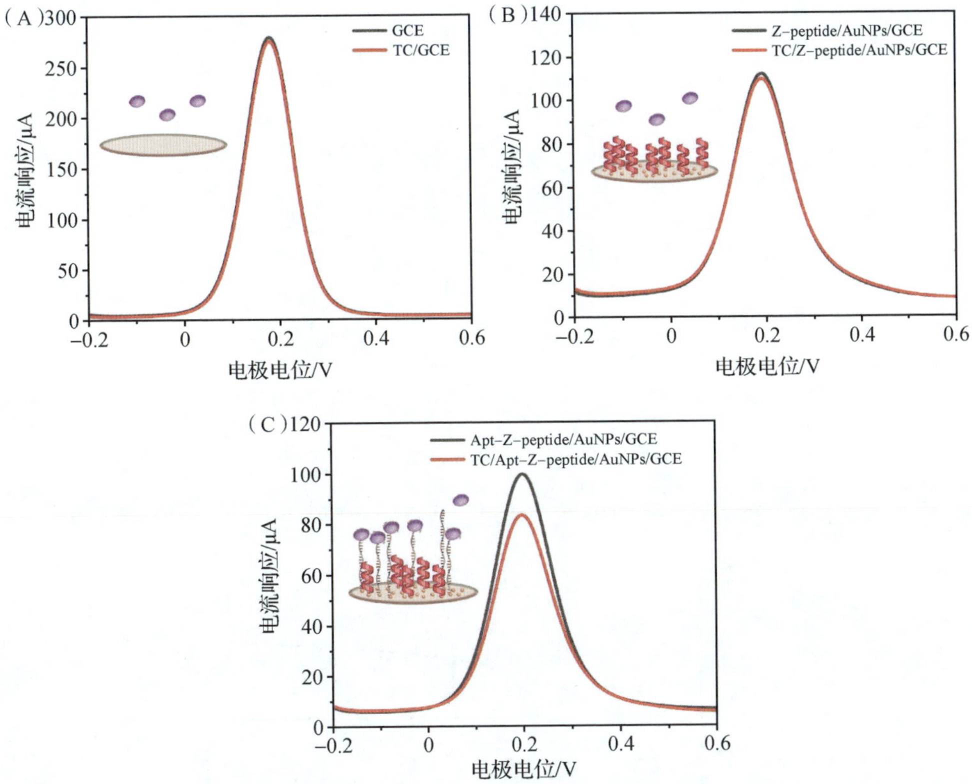

图 2-23 GCE(A)、Z-peptide/AuNPs/GCE(B)和 Apt-Z-peptide/AuNPs/GCE(C)在 100ng/mL TC 溶液中孵育后的 DPV 曲线

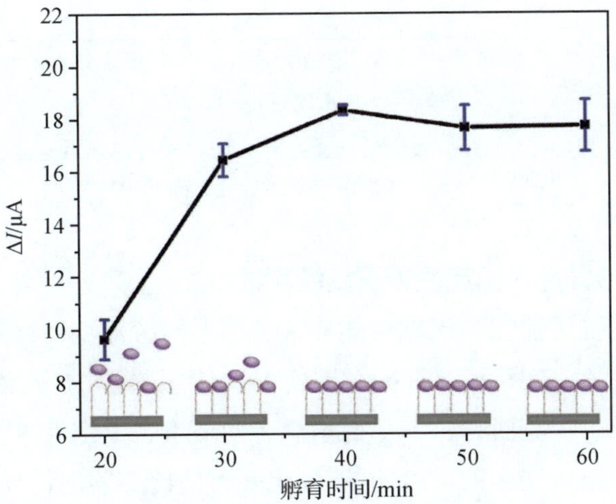

图 2-24 TC 适配体传感器孵育时间的优化

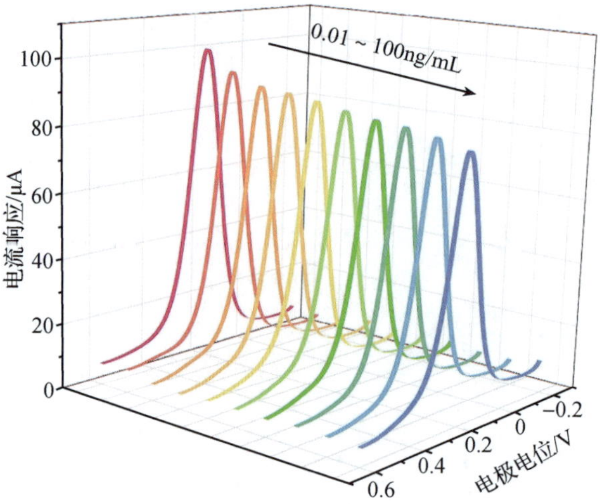

图 2-25　在不同浓度的 TC（0.01~100ng/mL）中孵育后的电化学传感器的 DPV 曲线

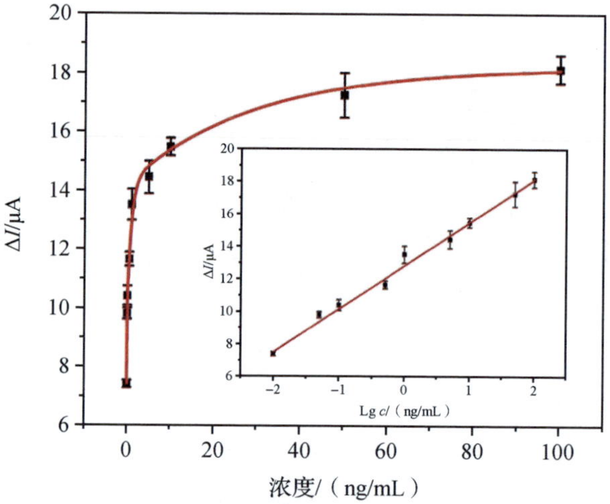

图 2-26　不同浓度的 TC 孵育后电化学传感器的 ΔI

（插图：拟合的线性曲线）

2.1.2.2　特异性、稳定性和重复性测试

除了优异的抗污性能和识别性能外，传感器的特异性、稳定性和重复性也至关重要。如图 2-27 所示，通过将构建好的传感器与 TC 溶液和其他几种常见的抗生素溶液（阿莫西林、卡那霉素、多西环素、土霉素以及它们的混合溶液）分别孵育并记录产生的 DPV 电流变化来评估传感器的特异性。结果表明，传感器仅在 TC 溶液和混合溶液中孵育后才会产生明显的响应。

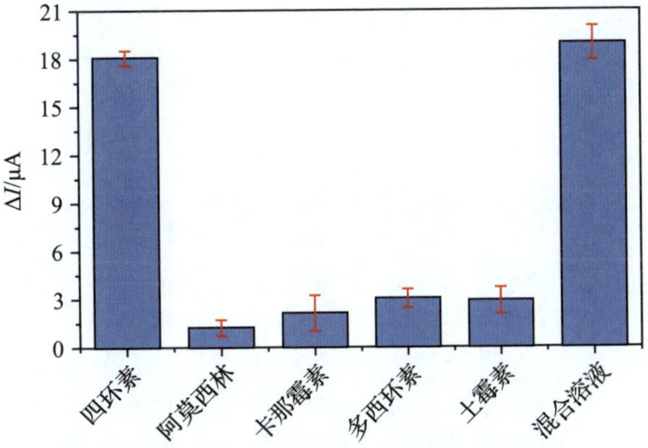

图 2-27　两子离子肽电化学传感器特异性测试

在电压范围为 -0.2~0.6V，扫描速率为 0.1V/s 的参数下连续进行 10 次 CV 扫描，以验证传感器的电化学稳定性。如图 2-28 所示，连续测量后 CV 曲线基本重合，表明所构建的传感器在多次电化学测量后性能仍能保持稳定。在 4℃下，将一批构建好的传感器保存在 0.2mol/L PBS 溶液中，每天取一个去检测浓度为 50ng/mL 的 TC 标准溶液以验证传感器的长期保存稳定性。结果表明，在储存 5d 后，该传感器的信号保持率仍接近 90%（图 2-29）。最后评估了电化学传感器的重复性。按照前面所述的步骤在 GCE 上构建传感器，然后测试浓度为 50ng/mL 的 TC 标准液，测试完后将电极磨洗干净，在同一根 GCE 上重复上述操作 7 次以完成批内重复性检测。使用 7 根独立的电极分别单独构建传感器，去检测浓度为 50ng/mL 的 TC 标准液以完成批间重复性检测。结

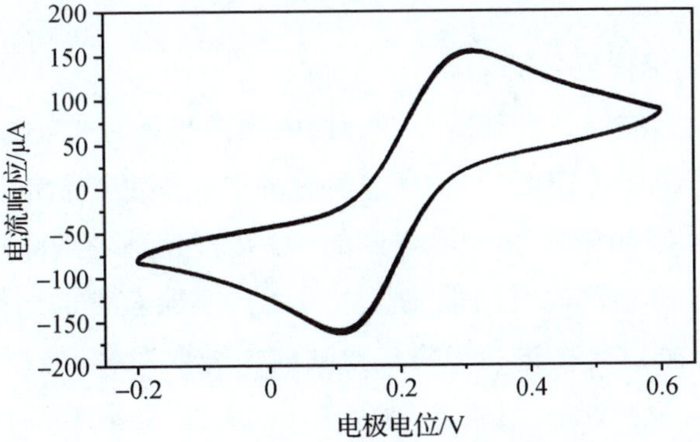

图 2-28　使用 CV 在 [$Fe(CN)_6$]$^{3-/4-}$（5.0mmol/L，0.2mol/L KCl）中连续扫描 10 圈电流变化图

果如图 2-30 所示，不论是批内还是批间测试，传感器的响应均没有明显的差异，相对标准偏差（RSD）低至 1.56%，展现出优异的重复性。

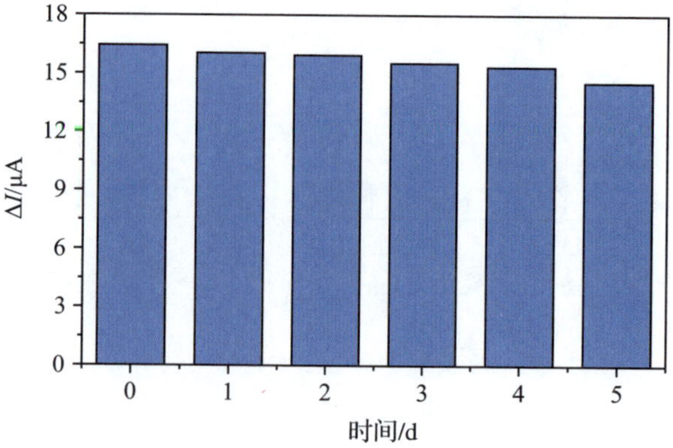

图 2-29　两性离子肽电化学传感器保存稳定性测试

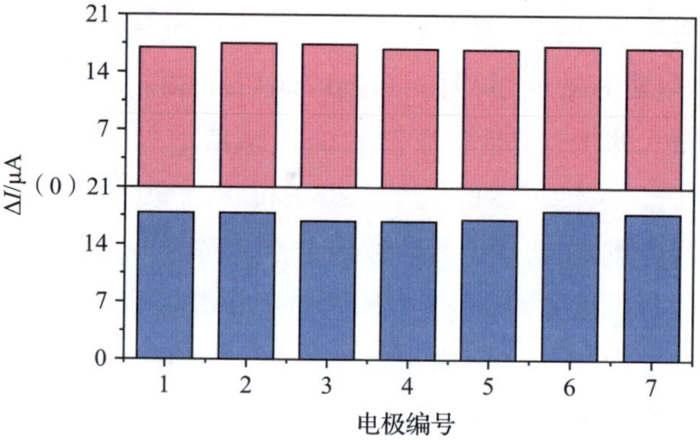

图 2-30　两性离子肽电化学传感器的批内（红色）和批间（蓝色）重复性测试

2.1.2.3　实际样品分析

以牛乳为检测样品，对其进行加标回收实验以验证传感器检测的准确性，并采用高效液相色谱（HPLC）法对加标后的牛乳样品进行同步分析。具体步骤如下：在牛乳样品中添加一定浓度的 TC 并将其稀释 100 倍进行加标回收实验，以评价该传感器的应用性能。为验证传感器获得的结果，对同一样品用 HPLC 法进行测试。在进行 HPLC 测试前，需要对样品进行前处理。首先向 10mL 牛乳样品中加入 20mL 浓度为 0.1mol/L 的 Na_2EDTA-Mcllvaine 缓冲溶液，然后涡旋 2min 使其充分混合均匀，将得到的溶液在 5000r/min 转速下离心 10min，提取上清液。重复上述操作，合并两次操作得到的上清液。随后，用 HLB 固相萃取柱和 MCX 固相萃取柱对上清液进行浸出，将所得提取物用氮气吹扫浓缩至 2.0mL 后进行高效液相分析。如表 2–1 所示，所构建的电化学传感器的加标回收率在 107.2%~110.2%，相对标准偏差均低于 8%，该结果与 HPLC 法所分析结果一致。结果表明本研究所构建的传感器即使在复杂的牛乳样品中仍能保持较高的准确性。

表 2–1　所构建抗污传感器和 HPLC 法在牛乳样品检测中的加标回收率

样品序号	加标浓度 /（ng/mL）	测量浓度 /（ng/mL）	回收率（平均值，n=3）/%	HPLC 验证 /%
1	50.00	53.59	107.2±4.0	106.9 ± 0.8
2	25.00	27.35	109.4±7.8	94.1 ± 1.5
3	15.00	16.34	109.0 ± 3.9	96.5 ± 0.7
4	5.00	5.51	110.2 ± 6.6	92.3 ± 1.2

2.2　基于 L 形三合一肽的抗污电化学传感器的构建及应用

万古霉素（Van）是一种三环糖肽抗生素（图 2–31），因对革兰氏阳性菌具有强大的杀菌作用被称为“抗生素最后的王牌”。将 Van 添加至动物饲料中对动物生长具有促进作用，因此 Van 也常用于动物养殖。然而，食用含有过量 Van 的动物源性食品，会使其在人体内富集，可能对人体产生极大的危害，如引起听力神经受损、诱导肝肾脏发生病变等。鉴于 Van 残留对人体的巨大危害，日本规定牛乳中允许 Van 的最大残留量为 10μg/kg，我国、欧盟以及美国已经将 Van 列为禁用兽药。因此，开发高灵敏的 Van 检测对食品中 Van 的监管至关重要。

在所设计的线型两性离子肽的基础上设计了一条新型的三合一肽序列[$DOPA_3$–Pro–Pro–Pro–Pro–Glu–Lys–Asp–Gln–Asp–Lys–Lys–Ala（D）–Ala（D），$DOPA_3$–PPPPEKDQDKKaa]，该多肽同时具有锚定、抗污和识别三种功能。锚定片段的设计灵感来自海洋贻贝生物。贻贝生物会分泌一种贻贝蛋白以确保

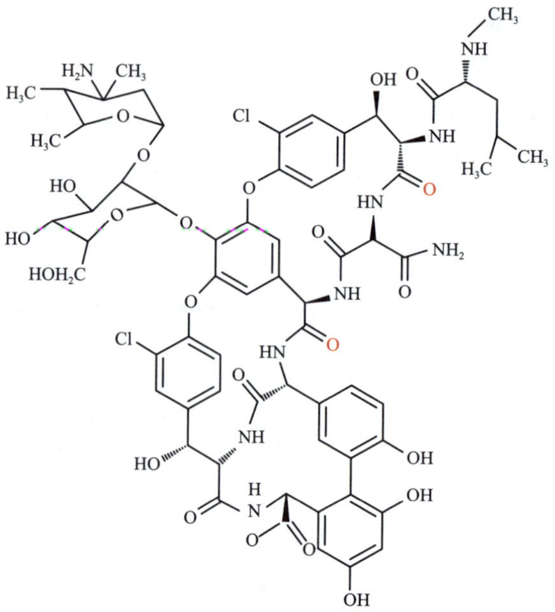

图 2-31 万古霉素化学结构式

自身能够黏附在各种表面，3,4- 二羟基苯丙氨酸（DOPA）则是贻贝蛋白中起主要黏附作用的氨基酸[47, 48]。在本研究中，将寡聚 DOPA 用作锚定片段，以确保三合一肽可以修饰到传感表面。由于 DOPA 可以紧密黏附在几乎所有类型表面上，因此三合一肽的修饰不再依赖于传统的金硫键，扩大了传感表面改性的可能性。抗污片段延续使用本章第一节设计的具有优异抗污性能的序列（PPPPEKDQDK）。在识别序列的设计上，选用细胞壁肽聚糖中的一段多肽序列（Kaa），该序列可特异性结合 Van[49]。在本研究中，将识别片段 Kaa 与锚定和抗污片段共同整合，得到三合一肽。三合一肽的提出避免了识别元件的二次固定化，进一步简化了传感器的构建过程。此外，通过将 AuNPs 掺杂到 β-Bi_2O_3（一种铋基半导体氧化物）的 3D 层状纳米片中，合成了具有优异导电性的 β-Bi_2O_3-Au 作为传感器的增敏基底，并且基于上述三合一肽和 β-Bi_2O_3-Au，构建全新抗污电化学传感器用于 Van 残留检测（图 2-32）。此抗污电化学传感器具有良好的稳定性和较低的检出限（0.038ng/mL），只需对样品进行简单稀释，即可实现牛乳、蜂蜜和乳粉中 Van 的高灵敏、特异性检测。

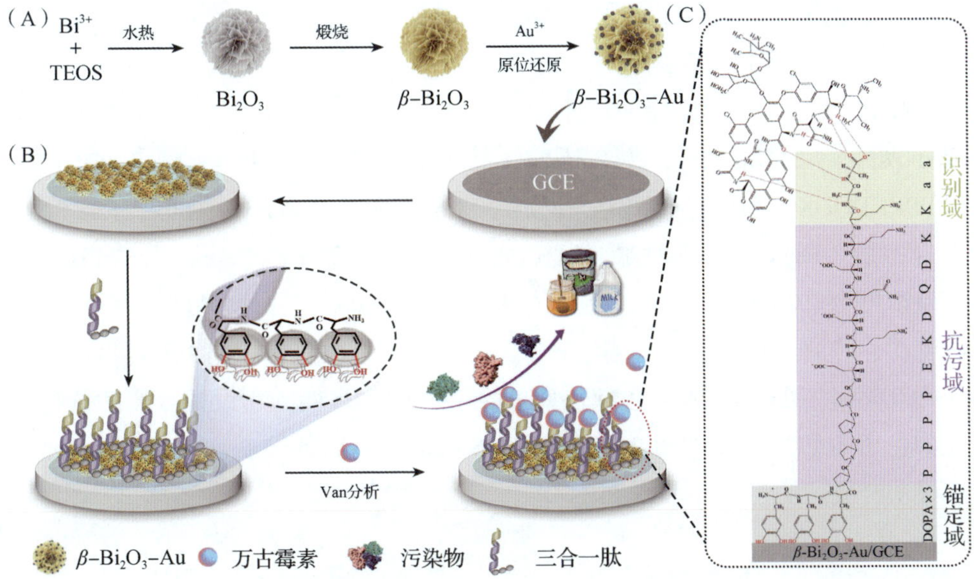

图 2-32 β-Bi_2O_3-Au 的制备示意图（A）；基于三合一肽和 β-Bi_2O_3-Au 的抗污电化学传感器的构建（B）；三合一肽的结构式和与 Van 的结合位点（C）

2.2.1 基于 L 形三合一肽的抗污电化学传感器的构建

2.2.1.1 相关溶液的配制

（1）PBS 的配制 称取 71.6g 磷酸氢二钠（$Na_2HPO_4 \cdot 12H_2O$）和 31.2g 磷酸二氢钠（$NaH_2PO_4 \cdot 2H_2O$），置于 1000mL 容量瓶中定容。分别得到 0.2mol/L Na_2HPO_4 溶液和 0.2mol/L NaH_2PO_4 溶液。用量筒分别量取 81mL 浓度为 0.2mol/L 的 Na_2HPO_4 溶液和 19mL 浓度为 0.2mol/L 的 NaH_2PO_4 溶液，然后加入 0.9g 氯化钠（NaCl），充分搅拌混匀后，得到 100mL 浓度为 0.2mol/L 的 PBS 溶液。进一步稀释 10 倍得到浓度为 0.02mol/L 的 PBS 溶液，存放于 4℃环境下备用。

（2）Na_2EDTA-Mcllvaine 缓冲溶液的配制 分别称取 71.63g 的磷酸氢二钠和 21.04g 的柠檬酸，分别定容至 1000mL，得到 0.2mol/L 的磷酸氢二钠溶液和 0.1mol/L 的柠檬酸溶液。之后将 625mL 的磷酸氢二钠溶液和 1000mL 的柠檬酸溶液混合得到 Mcllvaine 缓冲溶液。最后，称取 60.5g 乙二胺四乙酸二钠溶解至 1625mL 的 Mcllvaine 溶液中，得到 Na_2EDTA-Mcllvaine 缓冲溶液。

（3）电化学探针溶液的配制 准确称取 1646.2mg 铁氰化钾（$K_3[Fe(CN)_6]$）、2111.9mg 亚铁氰化钾（$K_4[Fe(CN)_6]$）和 14910.2mg 氯化钾（KCl）溶解在

0.02mol/L 的 PBS 溶液中，定容至 1000mL。置于 4℃下避光保存。

2.2.1.2 传感表面的制备与表征

除了对三合一肽（Pep1，$DOPA_3$–PPPPEKDQDKKaa）进行研究，还合成了两个对照肽，即仅具有锚定、抗污序列的对照肽 1（Pep2、$DOPA_3$–PPPPEKDQDK）和仅具有锚定、识别序列的对照肽 2（Pep3，$DOPA_3$–Kaa）。将三合一肽（Pep1）和两种对照肽（Pep2、Pep3）溶解在 20mmol/L 的 PBS 中，制备浓度为 0.2mg/mL 多肽溶液。采用 Zeta 电位仪测定三种多肽溶液的所携带的电荷，并通过圆二色谱仪测试表征其二级结构，波长范围为 190~300nm、步长为 0.5nm。通过 WCA 测量仪测定三合一肽的亲水性。所设计合成的抗污多肽的色谱图和质谱图如图 2–33~ 图 2–35 所示，多肽的纯度均≥95%，表明多肽成功合成。

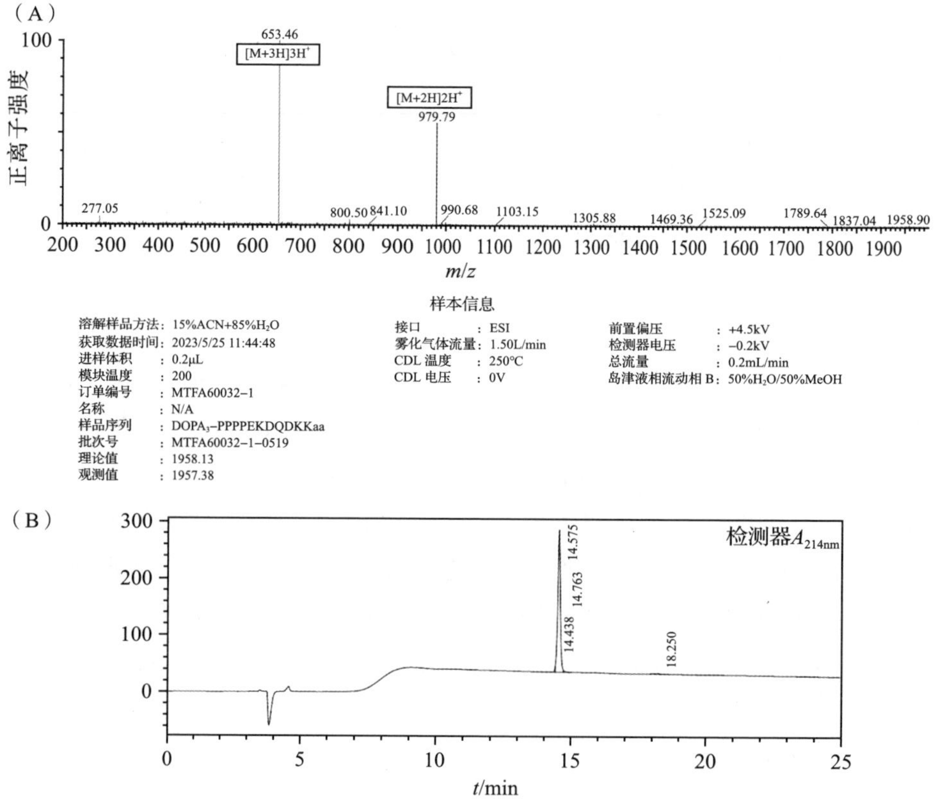

峰值表

检测器A_{214nm}

峰编号	保留时间	峰面积	峰高	面积比/%
1	14.438	17423	7759	0.952
2	14.575	1786297	250422	97.571
3	14.763	10571	3142	0.577
4	18.250	16484	1160	0.900
总计		1830774	262482	100

图 2-33 三合一肽的电喷雾电离质谱图（A）和 HPLC 图（B）

（A）

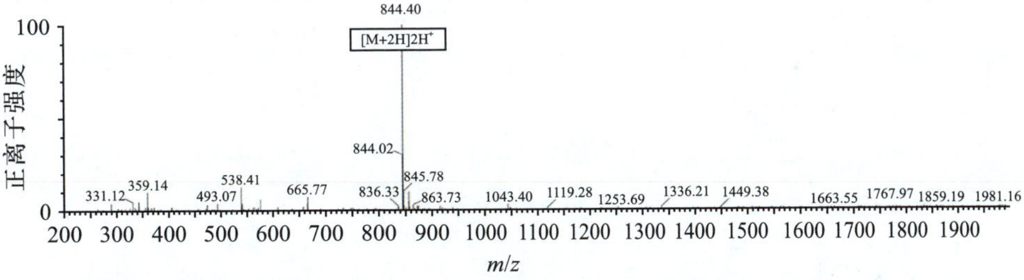

样本信息

溶解样品方法：15%ACN+85%H_2O
获取数据时间：6/8/2023 1:21:09PM
进样体积：0.2ul
模块温度：200
订单编号：MTFA60032-2
名称：N/A
样品序列：$DOPA_3$-PPPPEKDQDK
批次号：MTFA60032-2-0519
理论值：1686.82
观测值：1686.80

接口：ESI
雾化气体流量：1.50L/min
CDL 温度：250℃
CDL 电压：0V

前置偏压：+4.5kV
检测器电压：-0.2kV
总流量：0.2mL/min
岛津液相流动相 B：50%H_2O/50%MeOH

（B）

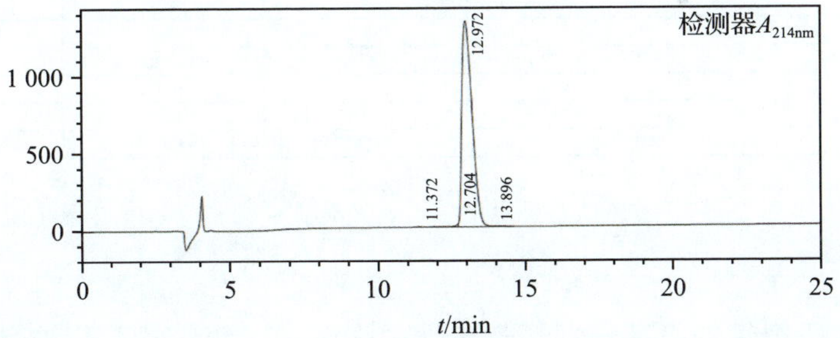

峰值表

检测器A_{214nm}

峰编号	保留时间	峰面积	峰高	面积比/%
1	11.372	20635	1663	0.064
2	12.704	129229	17094	0.402
3	12.972	31951736	1334214	99.399
4	13.896	43468	1891	0.135
总计		32145069	1354861	100

图 2-34 对照肽 1 的电喷雾电离质谱图（A）和 HPLC 图（B）

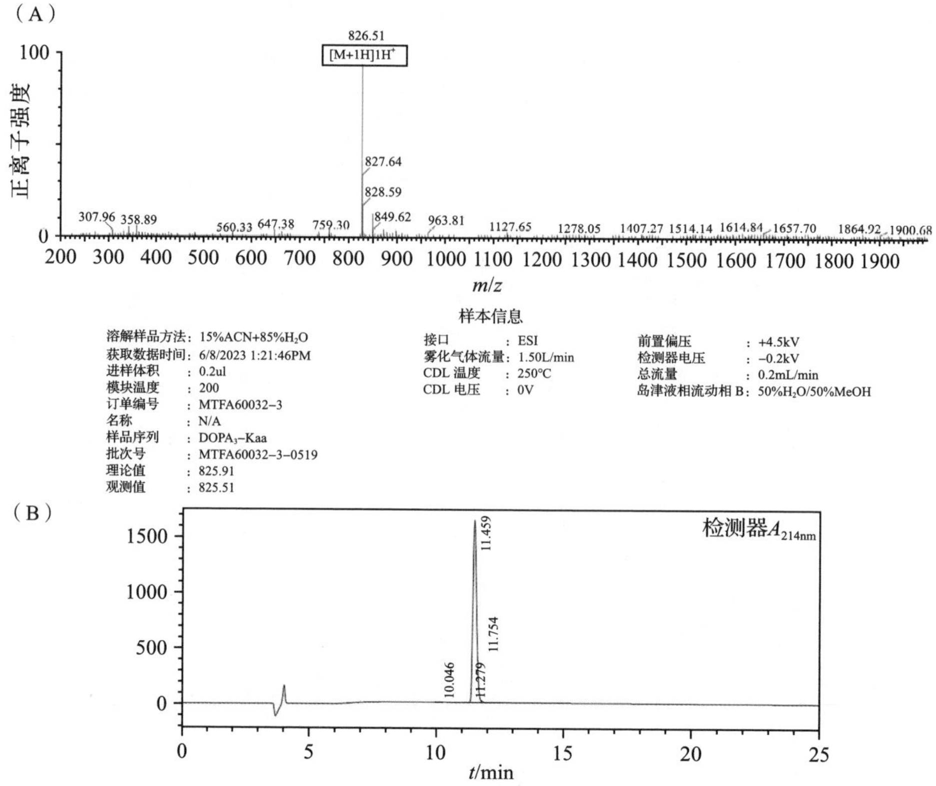

检测器 A_{214nm}

峰值表

峰编号	保留时间	峰面积	峰高	面积比/%
1	10.046	4022	509	0.025
2	11.279	14170	1293	0.087
3	11.459	16167892	1631166	99.444
4	11.754	72192	15680	0.444
总计		16258276	1648648	100

图 2-35　对照肽 2 的电喷雾电离质谱图（A）和 HPLC 图（B）

多肽所携带的电荷情况、亲水性的强弱和二级结构是影响其抗污性能的重要指标。Zeta 电位图表明（图 2-36），三合一肽的电荷为中性。CD 光谱图可以表征三合一肽的二级结构信息。如图 2-37 所示，光谱分别在 205nm 附近和 225nm 附近出现一个强大的负峰和一个微小的正峰，表明三合一肽具有 α-螺旋结构。根据以往研究，具有 α- 螺旋结构的多肽有助于增加多肽的修饰密度，从而提高修饰表面的抗污性能[50]。

进一步制备不同的修饰电极（GCE、β-Bi_2O_3-Au/GCE、Pep1/β-Bi_2O_3-Au/GCE）并测定了它们的 WCA。如图 2-38 所示，GCE 的 WCA 为 75.00° ±

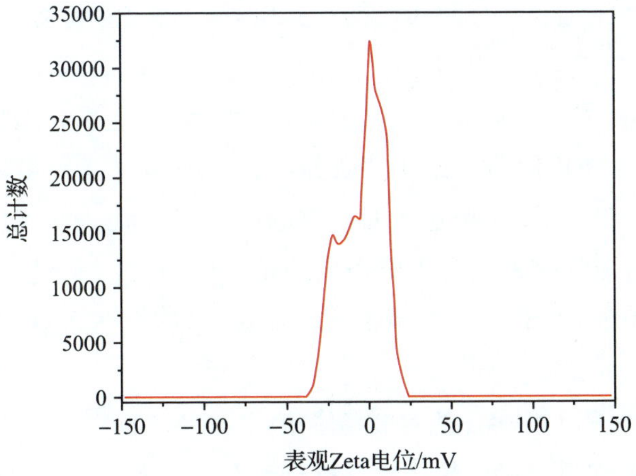

图 2−36　三合一肽的 Zeta 电位图

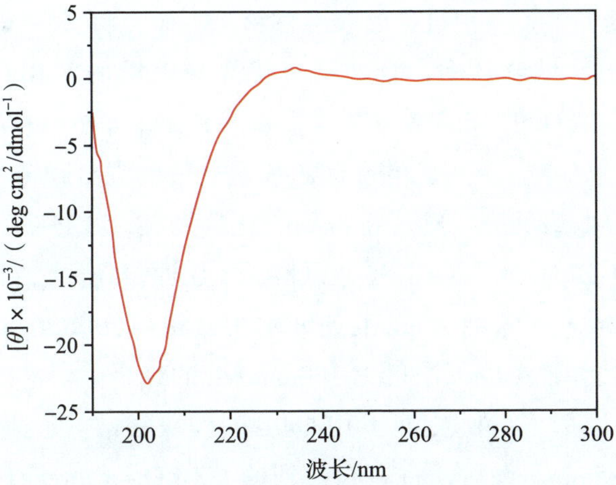

图 2−37　三合一肽的 CD 光谱图

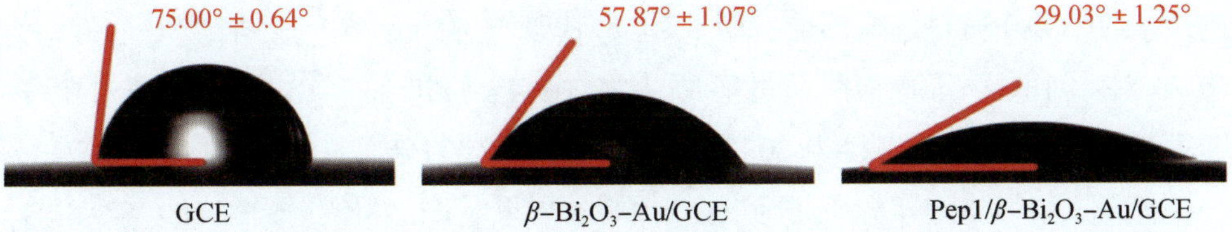

图 2−38　GCE、β−Bi_2O_3−Au/GCE 和 Pep1/β−Bi_2O_3−Au/GCE 的 WCA 图像

0.64°，β-Bi_2O_3-Au 修饰到电极表面后，β-Bi_2O_3-Au/GCE 的 WCA 降至 57.87° ± 1.07°。经 Pep1 进一步修饰的电极，Pep1/β-Bi_2O_3-Au/GCE 的 WCA 降至 29.03° ± 1.25°，表明 Pep1 修饰表面具有优异的亲水性，而这种强亲水性归因于两性离子氨基酸序列 EKDQDK。在 2.2.1 的研究中，已经通过 MD 模拟证明，与 PEG（抗污材料的"金标准"）相比，具有 EKDQDK 序列的肽（CPPPPEKDQDK）可以与水分子形成更多的氢键和更强大的相互作用[51]。因此，具有良好亲水性的多肽修饰表面可以形成一个致密的水合层，为吸附基质污染物创造了一个强大的物理和能量屏障。

2.2.1.3 β-Bi_2O_3-Au 的合成与表征

Bi_2O_3 是一种铋基半导体氧化物，具有无毒、导电性好、稳定性好等特点。Bi_2O_3 有 6 种不同的形态（α、β、γ、δ、ε 和 ω），其中 β-Bi_2O_3 由于其优异的可控形貌、较大的比表面积和较窄的带隙，常用于传感器的构建[52]。此外，通过掺杂贵金属，还可使 β-Bi_2O_3 复合材料具有优异的导电性，为提高电化学传感器的灵敏度提供了一种可行的改性材料。本研究将 AuNPs 掺杂到 β-Bi_2O_3 的三维（3D）层状纳米片中，合成具有优异导电性的 β-Bi_2O_3-Au 并引入到传感器表面。β-Bi_2O_3 的合成参考文献报道[53]具体如下：在 432.15K 下，将 $Bi(NO_3)_3 \cdot 5H_2O$、乙酸、无水乙醇和四乙氧基硅烷的混合物转移到不锈钢高压釜中进行 48h 的水热反应，然后将得到的化合物在 673.15K 下煅烧 5h，得到浅黄色片状的 β-Bi_2O_3。以 β-Bi_2O_3 为原料，采用原位还原法制备 β-Bi_2O_3-Au。将 100mg 的 β-Bi_2O_3 加入到 76mL 的超纯水中，超声分散 20min，然后加热至沸腾。在沸腾液中加入 2mL 浓度为 100mmol/L 的氯金酸溶液，并保持沸腾状态 10min。将还原剂（8mL 浓度为 0.2mol/L 的柠檬酸钠）迅速加入沸腾液中，保持沸腾状态 25min。最后，将离心得到的 β-Bi_2O_3-Au 溶液用清水洗涤，重复三次，干燥得到 β-Bi_2O_3-Au。

为了验证 β-Bi_2O_3-Au 的成功合成，对 β-Bi_2O_3 和 β-Bi_2O_3-Au 进行了一系列表征。首先通过 SEM 观测了 β-Bi_2O_3 和 β-Bi_2O_3-Au 的形貌结构（图 2-39）。结果表明，β-Bi_2O_3 是球形的，且具有规则和均匀的孔隙。该结构为进一步修饰 AuNPs 创造了可能。在通过还原法将 AuNPs 修饰到 β-Bi_2O_3 后，通过电镜图可以清楚地看到，直径为 20~30nm 的 AuNPs 均匀分布在 β-Bi_2O_3 的空隙中。

氮吸附-解吸等温线得到了相同的结果（图 2-40、图 2-41）。β-Bi_2O_3 的比表面积和平均孔径分别为 52.7m^2/g 和 1.4nm。经过 AuNPs 的修饰后，

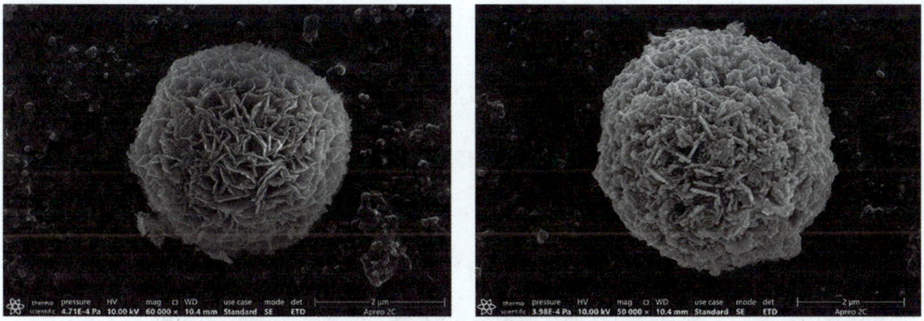

图 2-39 β-Bi_2O_3（左）和 β-Bi_2O_3-Au（右）的 SEM 图像

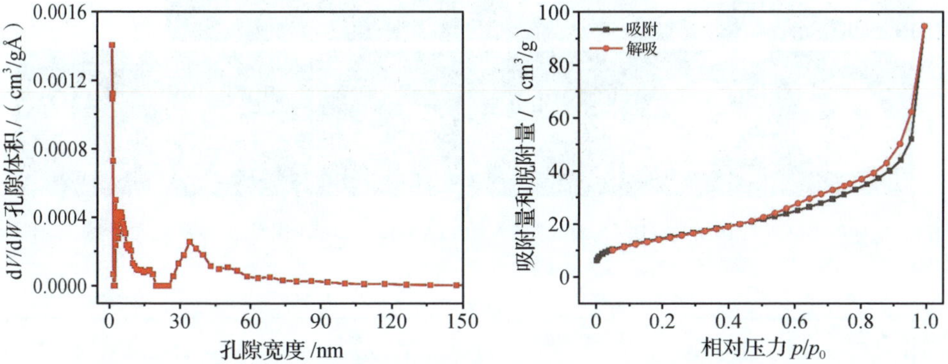

图 2-40 β-Bi_2O_3 孔径分布（左）和氮吸附－解吸等温线（右）

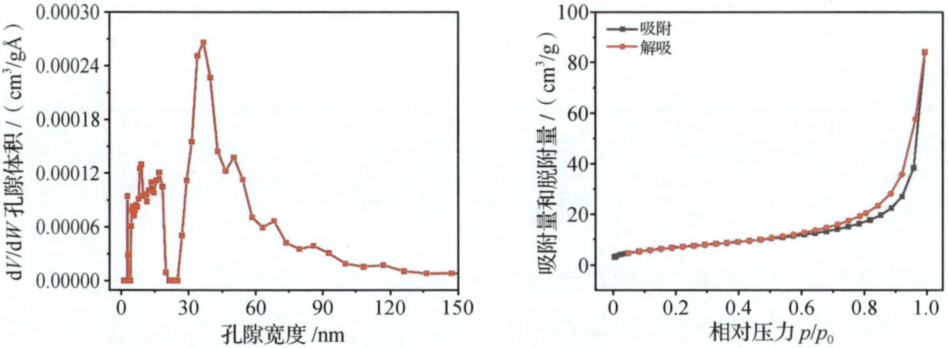

图 2-41 β-Bi_2O_3-Au 孔径分布（左）和氮吸附－解吸等温线（右）

β-Bi_2O_3-Au 的比表面积和平均孔径分别降低到 25.3m^2/g 和 1.2nm。比表面积和平均孔径的降低是由于 AuNPs 在 β-Bi_2O_3 的空隙里修饰造成的。以上结果表明 β-Bi_2O_3-Au 的合成是成功的。

此外，本研究通过透射电镜（TEM）搭配能量色散 X 射线（EDS）谱仪探究了 β–Bi_2O_3 和 β–Bi_2O_3–Au 的元素分布和组成。图 2–42 中高角度环形暗场扫描透射电子显微镜（HAADF–STEM）显示 Au 元素在 β–Bi_2O_3–Au 中均匀分布，这与 SEM 观察到的结果一致。EDS 谱图（图 2–43）对应地也出现了 Au 元素的特征峰，其他元素的组成和分布与 β–Bi_2O_3 相比没有明显变化，这些结果进一步表明 β–Bi_2O_3–Au 成功合成。

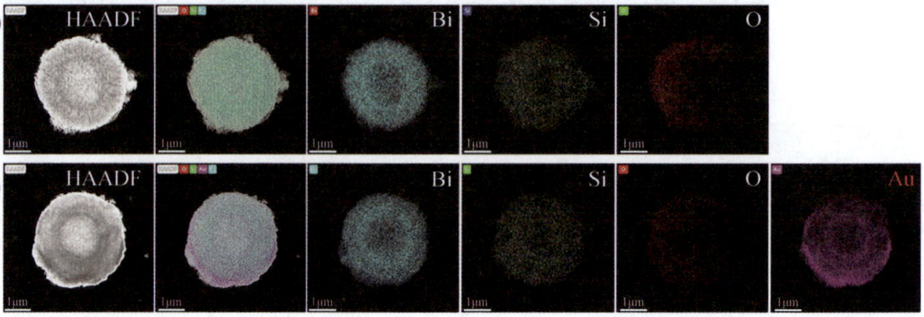

图 2–42　β–Bi_2O_3（A）和 β–Bi_2O_3–Au（B）的 HAADF–STEM 图像和相应的元素映射图像

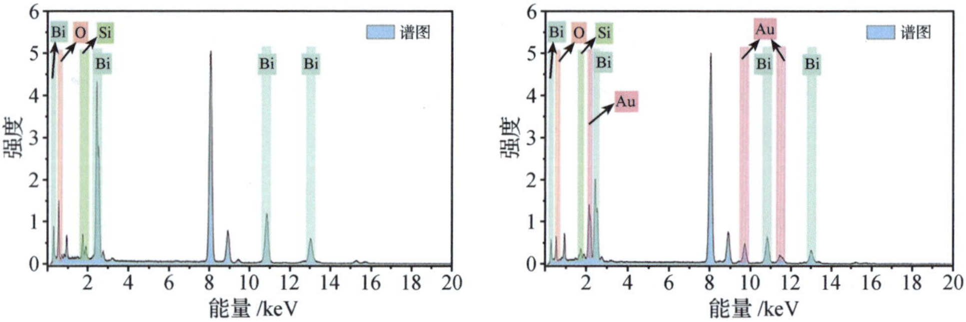

图 2–43　β–Bi_2O_3（左）和 β–Bi_2O_3–Au（右）的 EDS 谱图

2.2.1.4　传感器的构建与表征

将 GCE 表面用氧化铝浆料（0.3μm 和 0.05μm）进行抛光，然后用超纯水和无水乙醇对 GCE 进行清洗。将壳聚糖溶于 1% 的醋酸溶液中，得到 1.0mg/mL 壳聚糖溶液，再将 β–Bi_2O_3–Au 溶于上述壳聚糖溶液中，超声处理 20min，得到浓度为 0.5mg/mL 分散均匀的 β–Bi_2O_3–Au 溶液。将 10μL 的 β–Bi_2O_3–Au 溶液滴涂在 GCE 表面并在室温下干燥，得到 β–Bi_2O_3–Au 修饰电极（β–Bi_2O_3–Au/GCE）。最后，在室温下将 β–Bi_2O_3–Au/GCE 在浓度为 0.5mg/mL

的三合一肽溶液中孵育 4h，然后通过氮气干燥以完成抗污传感表面的构建（Pep1/β-Bi_2O_3-Au/GCE）。通过 SEM 对不同修饰电极的形貌进行表征，并使用 DPV 和电化学阻抗（EIS）记录传感器构建过程中电极表面的电化学信号变化。DPV 和 EIS 测量在含有 5mmol/L $[Fe(CN)_6]^{3-/4-}$ 和 0.2mol/L KCl 的 PBS（10mmol/L，pH 为 7.4）中进行。

三合一肽的修饰浓度直接决定了传感器的抗污和识别性能。因此在正式构建传感器之前，对三合一肽的浓度进行了优化。由于三合一肽同时具备抗污和识别性能，因此三合一肽的浓度优化要兼顾抗污和识别效果。如图 2-44 所示，随着多肽修饰量的增加，电极在蛋白质溶液中（1mg/mL 的 BSA）所产生的电化学信号抑制率随之降低，并在 0.2mg/mL 处达到稳定（4.7%）。这是由于随着多肽浓度的增加，传感器表面修饰的多肽密度也随之增加，会产生更大的空间位阻和更为致密的水合层来抵挡非特异性吸附。当多肽的浓度达到 0.2mg/mL 时，传感器表面修饰的多肽达到饱和，因此信号抑制率也会随之稳定。同样，多肽修饰得越多，抗污传感表面将会捕获到越来越多的 Van 直到多肽的修饰量达到饱和（0.5mg/mL）。为确保传感器同时具备最佳的抗污和识别性能，确定 0.5mg/mL 为三合一肽的最优浓度。

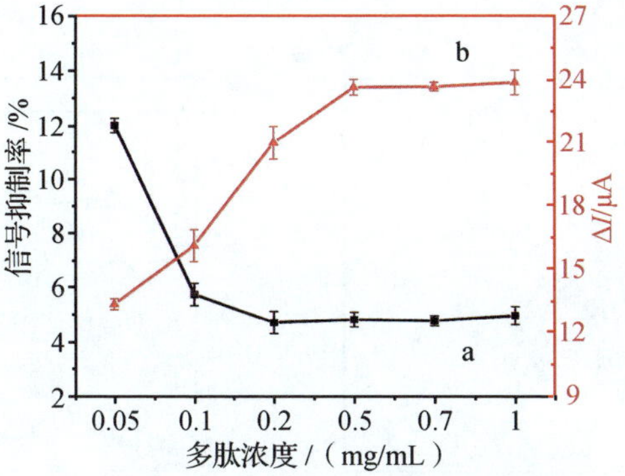

图 2-44　三合一肽浓度的优化

（a 表示抗污性能优化；b 表示识别性能优化）

为确保传感器的成功构建，通过 SEM、DPV 和 EIS 对构建过程进行表征。为验证 β-Bi_2O_3-Au 的成功修饰，使用 SEM 观察 GCE 改性前后的表面形貌。如图 2-45 所示，经过铝粉打磨的 GCE 表面非常光滑，而经过 β-Bi_2O_3-Au 改性后，GCE 表面出现了均匀分布的 β-Bi_2O_3-Au 颗粒。该结果表明 β-Bi_2O_3-Au

成功修饰在了电极上。此外，采用电化学分析方法（DPV 和 EIS）对传感器构建的各个步骤进行了表征。如图 2–46 所示，在修饰 β–Bi_2O_3–Au 后，由于其强电导性，DPV 响应从 300μA 急剧增加到 418μA，电荷转移电阻（R_{ct}）从 11.36Ω 减少到 7.93Ω。在进一步修饰三合一肽后，电极表面的电荷转移受到阻碍，导致 DPV 响应显著降低至 238μA，R_{ct} 增加至 75.05Ω。上述结果表明了传感器的成功构建。

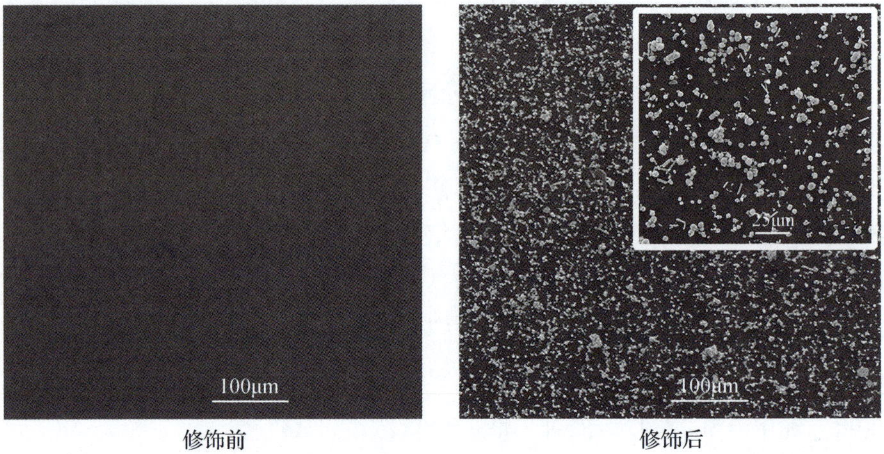

图 2–45　β–Bi_2O_3–Au 修饰前、后的 SEM 图像

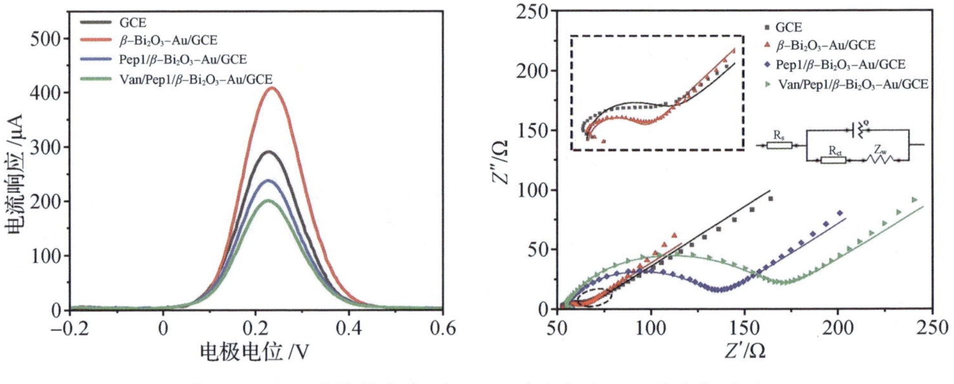

图 2–46　不同修饰电极的 DPV（左）和 EIS（右）响应

2.2.1.5　传感器抗污性能测试

利用石英晶体微天平（QCM）对多肽的抗污性能进行评价。在 QCM 电极（QAuE）上修饰三合一肽和两种对照肽。浓度为 1.0mg/mL 的牛血清白蛋白

（BSA）以 20μL/min 的流速持续侵染这些不同的修饰 QAuE，并以裸 QAuE 用作对照，持续记录 QAuE 的频率变化（ΔF）。如图 2–47 所示，经过长时间的污染，由三合一肽修饰的 QAuE 的 ΔF 仅为 –6.85Hz，低于由两种对照肽修饰的 QAuE（–9.14Hz 和 –44.96Hz），且远低于裸 QAuE（–90Hz）。

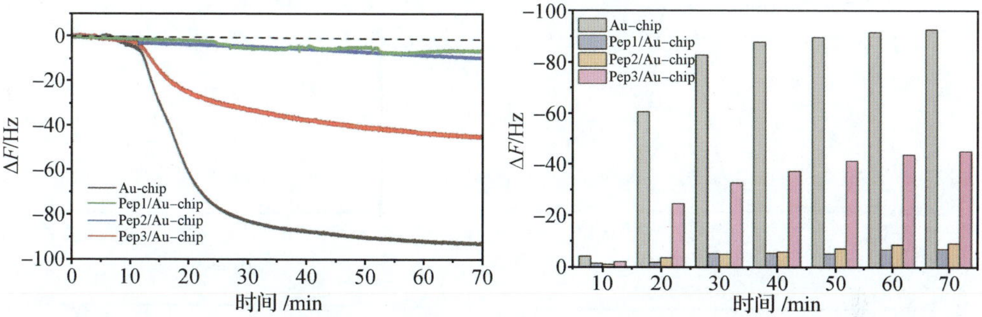

图 2–47 不同的 QAuEs 暴露于 1mg/mL BSA 溶液 60min 后的 ΔF

然后，将分别带负电荷、正电荷和中性电荷三种单一蛋白质（BSA、LYS 和 Mb）溶解成三种不同浓度（0.1，1.0，10.0mg/mL）。将构建好的传感器（Pep1/β–Bi_2O_3–Au/GCE）和 GCE 分别浸泡在三种单一蛋白质溶液中 30min，记录电极浸泡前后 DPV 信号的变化。同样，将 Pep1/β–Bi_2O_3–Au/GCE 和 GCE 分别浸泡在三种不同浓度的不同糖溶液即葡萄糖（Glu）、果糖（Fru）和乳糖（Lac）中 30min 并记录浸泡前后的 DPV 信号变化。如图 2–48、图 2–49 所示，GCE 在不同的单一蛋白质溶液和不同的单一糖溶液中浸泡后，DPV 响应曲线均出现了明显的下降，该结果说明电极表面吸附了大量的基质污染物。而 Pep1/β–Bi_2O_3–Au/GCE 在不同浓度的单一蛋白质溶液和糖溶液中浸泡后，DPV 响应曲线仅发生微量的变化。该结果说明经过三合一肽修饰的传感表面表现出优异的抗蛋白质吸附和抗糖吸附的能力。通过计算不同电极在蛋白质和糖溶液中浸泡前后的电信号抑制率，更为直观地表现三合一肽修饰的传感表面的抗污能力。如图 2–50 所示，经过三合一肽修饰后，传感表面产生的信号抑制率低至 1.7%。即使是在高浓度蛋白质溶液（10.0mg/mL）和高浓度糖溶液（50.0mg/mL）下，Pep1/β–Bi_2O_3–Au/GCE 所产生的信号抑制率也仅为 7.4% 和 4.4%，而 GCE 的信号抑制率则高达 83.4% 和 66.6%。

此外，为进一步验证传感器在实际样品中的抗污性能，将 Pep1/β–Bi_2O_3–Au/GCE 和 GCE 浸泡在稀释后的牛乳和蜂蜜样品中 30min（通过浓度为

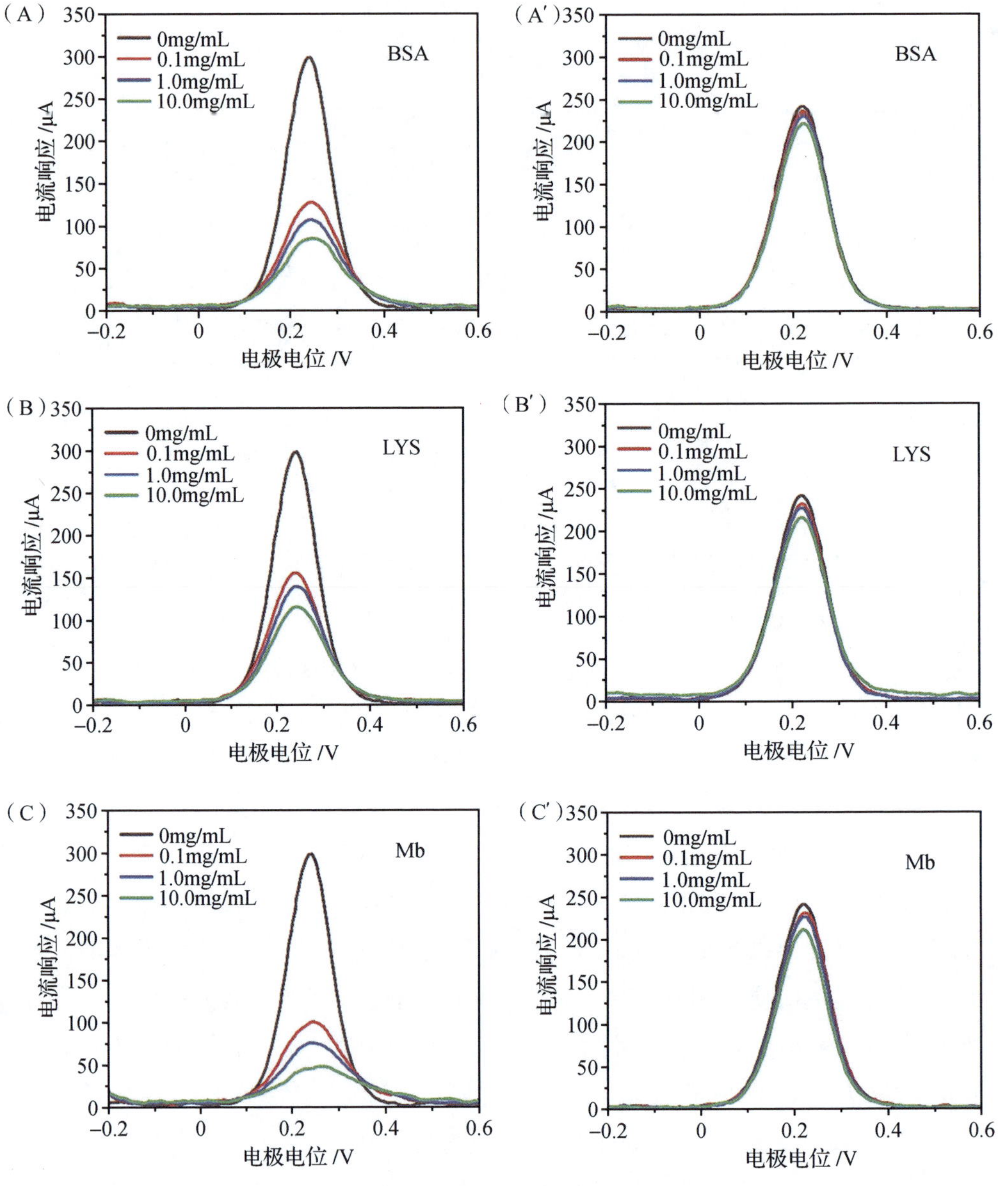

图 2-48　GCE（A~C）和 Pep1/β-Bi_2O_3-Au/GCE（A′~C′）在不同浓度的 BSA、LYS、Mb 溶液浸泡后的 DPV 响应曲线

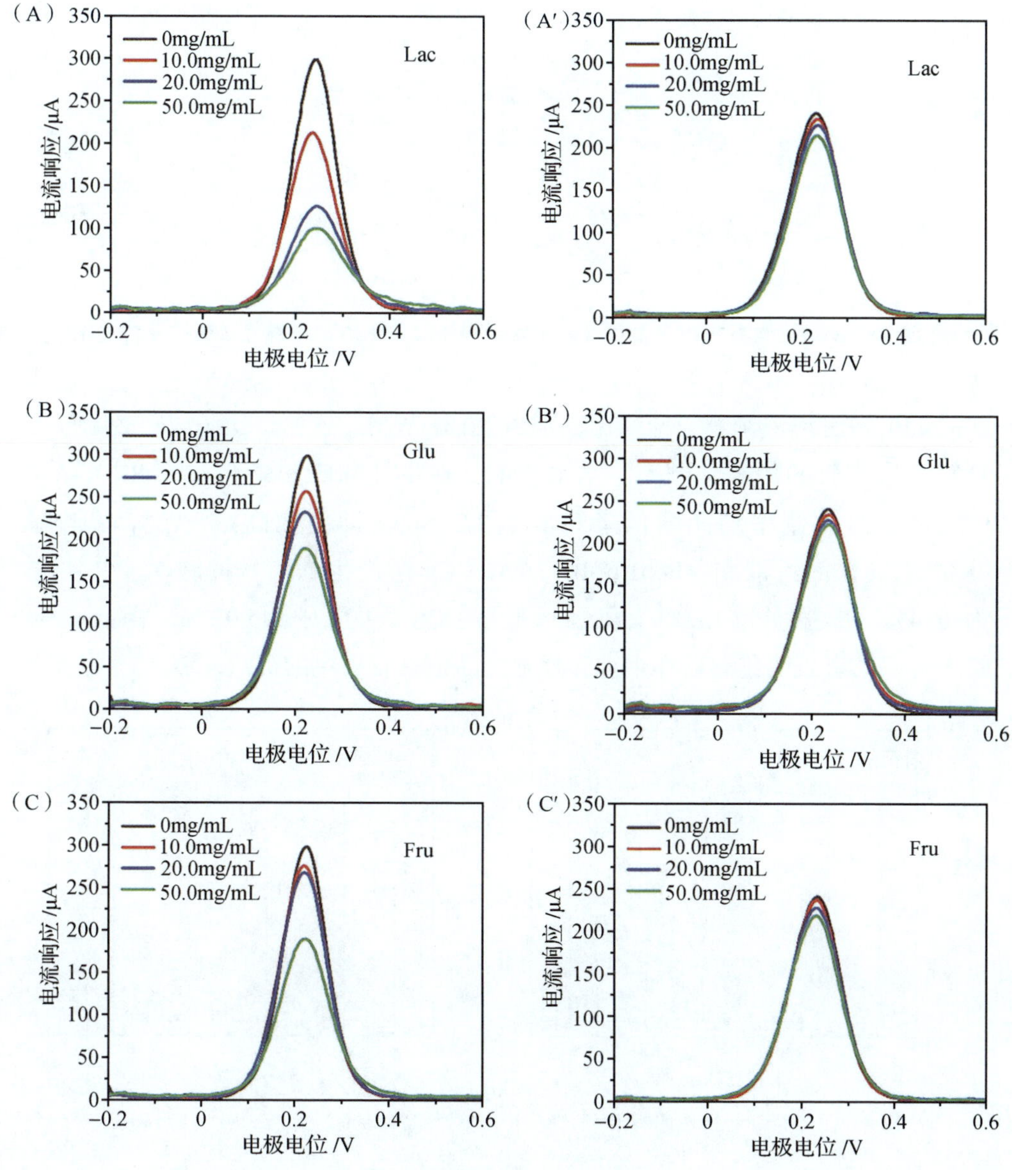

图 2-49 GCE（A~C）和 Pep1/β-Bi_2O_3-Au/GCE（A′~C′）在不同浓度的 Lac、Glu、Fru 溶液浸泡后的 DPV 响应曲线

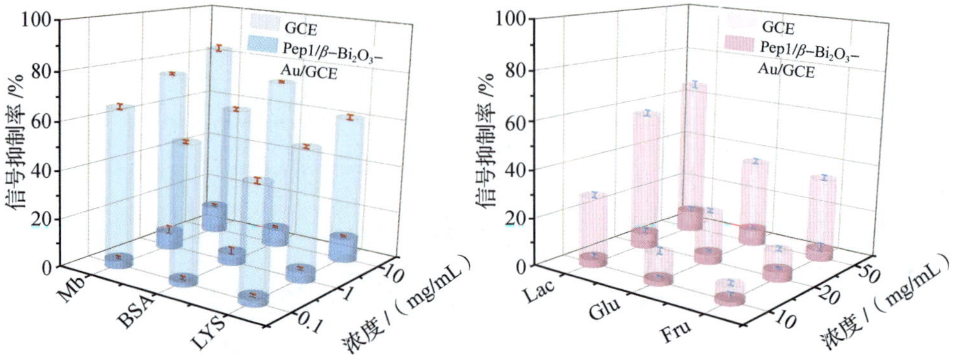

图 2–50 不同电极在不同蛋白质溶液（左）和糖溶液（右）中孵育后的信号抑制率

20mmol/L PBS 溶液稀释，稀释比分别为 1.0%、3.0%、5.0%、10.0% 和 25.0%），计算浸泡前后的信号抑制率。结果表明，在牛乳和蜂蜜中 Pep1/β–Bi_2O_3–Au/GCE 的信号抑制率均明显低于 GCE（图 2–51）。即使在高浓度（稀释比为 25.0%）的样品溶液中，Pep1/β–Bi_2O_3–Au/GCE 所产生的信号抑制率（牛乳中为 16.4%，蜂蜜中为 13.0%）仍然远低于 GCE（牛乳中为 90.3%，蜂蜜中为 83.6%），结果表明传感器在牛乳和蜂蜜样品中具有出色的抗污性能。

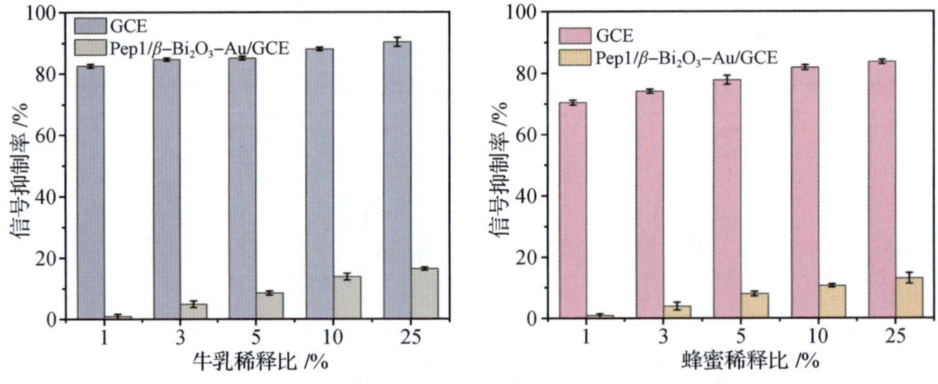

图 2–51 不同电极在不同稀释比的牛乳和蜂蜜样品中孵育后的信号抑制率

2.2.1.6 抗污机制的理论模拟

分子动力学（MD）模拟在 Gromacs 41（2020.6 版）模拟包中执行。对蛋白质和多肽使用琥珀力场，对 PEG 和石墨烯表面使用一般琥珀力场。两个系统均使用 TIP3P 水模型。构建出四层尺寸约为 10nm × 10nm 的石墨烯片，并周期性地与它们的图像绑定。在石墨烯片顶部表面插入 500 个 PEG 或多肽分子。

等 PEG 和多肽分子平衡后，将蛋白质施加在平衡的 PEG 或多肽分子层上。加入约 30000 个水分子对整个体系进行溶剂化，并加入离子，通过随机置换水分子来中和电荷。经过数千步的能量最小化后，系统在 NPT 系综下平衡，对蛋白质重原子进行约束，然后在规范系综下进行 100ns 的生产运行。使用 Nose-Hoover 方法将温度耦合到 298.0K，使用 Parrinello-Rahman 方法将压力耦合到 1.0atm（1.013×10^5Pa）。对非键合相互作用采用 1.2nm 截止方案，对长程静电相互作用采用傅里叶间距为 0.1nm 的 Particle Mesh Ewald 方法。所有与氢原子的共价键都使用 Lincs 算法进行约束。

在线性肽的研究中，已经通过分子动力学模拟证明，与 PEG 相比，具有 EKDQDK 序列的肽（CPPPPEKDQDK）可以与水分子形成更多的氢键和更强大的相互作用。这种强大的水合能力保证了多肽优异的抗污性能。本研究进一步将三合一肽和 PEG 分别修饰在相同的表面，模拟计算不同表面结合蛋白的能力，从而探究多肽的抗污机制（图 2-52）。

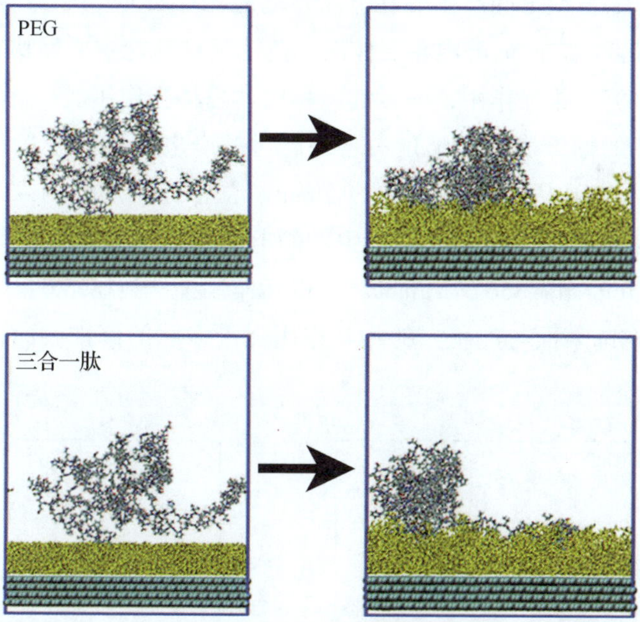

图 2-52 分子动力学模拟快照

酪蛋白是牛乳中含量最高的蛋白质，因此选择酪蛋白作为体系中的模拟蛋白。首先通过 100.0ns 模拟，比较分析了酪蛋白与两种体系之间产生的氢键数量。从图 2-53 可以看出，在模拟开始时，酪蛋白和两个体系之间产生的氢

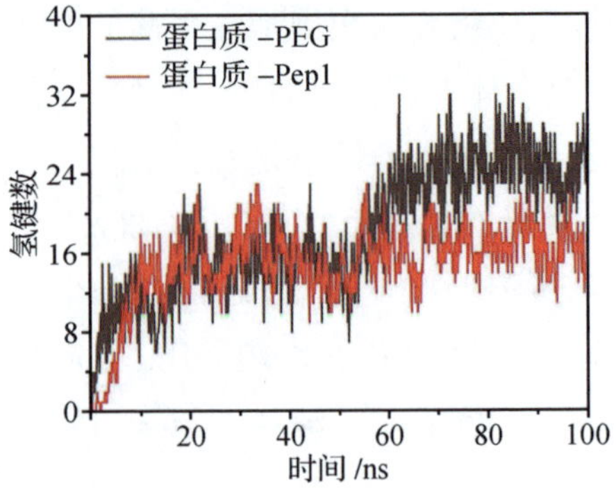

图 2–53　随着模拟时间在 PEG、三合一肽和酪蛋白之间形成的氢键的数目

键数量大致相同。然而，在 50ns 后，酪蛋白和 PEG 修饰表面之间产生的氢键数显著增加。整个模拟过程中 PEG 的修饰表面和酪蛋白产生的平均氢键数量是 18.17，多肽的修饰表面和酪蛋白产生的平均氢键数量是 14.79。氢键分析结果表明，酪蛋白与 PEG 的修饰表面之间存在更强的相互作用。此外，还计算了两个体系与酪蛋白之间产生的静电能和范德瓦耳斯能（图 2–54）。静电能反映两体系与酪蛋白之间的静电相互作用，范德瓦耳斯能主要反映它们之间的共轭相互作用和疏水相互作用，两者的总和代表总相互作用能。通过 100ns 的模拟计算，PEG 的修饰表面与酪蛋白之间产生的静电能和范德瓦耳斯能的平均值分别为 –1155.81kJ/mol 和 –1235.49kJ/mol，总相互作用能为 –2391.30kJ/mol。而多肽的修饰表面与酪蛋白之间产生的静电能和范德瓦耳斯能的平均值分别为 –1008.72kJ/mol 和 –856.37kJ/mol，总相互作用能为 –1865.09kJ/mol。该结果表明 PEG 的修饰表面与酪蛋白的相互作用强于多肽的修饰表面，与氢键计算结果一致。

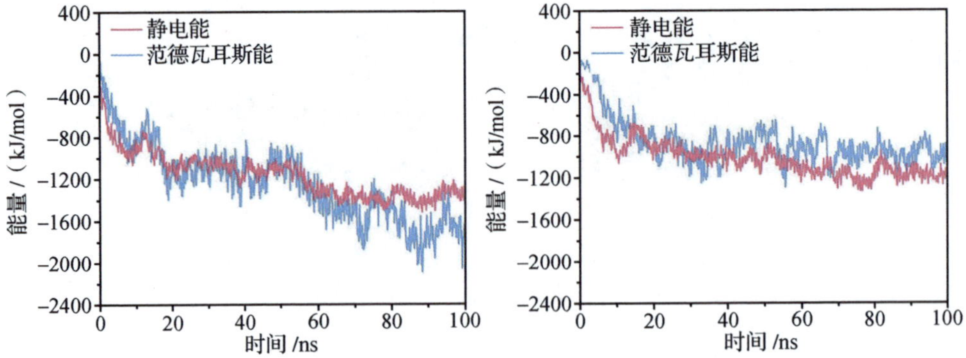

图 2–54　PEG（左）、三合一肽（右）和酪蛋白之间的相互作用能

以上结果表明，多肽的修饰表面具有比 PEG 的修饰表面更优异的抗污性能。在 PEG 体系中，范德瓦耳斯作用强于静电作用，但在多肽体系中则相反。这可能是造成多肽具有更优异的抗污性能的一个重要原因。

2.2.2 传感器性能评价及在牛乳、蜂蜜、乳粉中万古霉素检测的应用

2.2.2.1 万古霉素的定量分析

为验证识别片段的可行性，将 Pep1/β-Bi_2O_3-Au/GCE、Pep2/β-Bi_2O_3-Au/GCE 和 Pep3/β-Bi_2O_3-Au/GCE 在浓度为 10ng/mL 的 Van 溶液中孵育 30min，记录孵育前后的 DPV 信号，然后计算 ΔI。结果表明，带有识别片段的 Pep1 和 Pep3 所修饰的电极在 Van 溶液中孵育后，其表面的 DPV 信号发生明显下降，表明具有 Kaa 序列的肽可以有效地识别 Van（图 2-55）。本研究进一步对 Van 的孵育时间进行优化，以便更有效地捕获 Van。如图 2-56 所示，随着孵育时

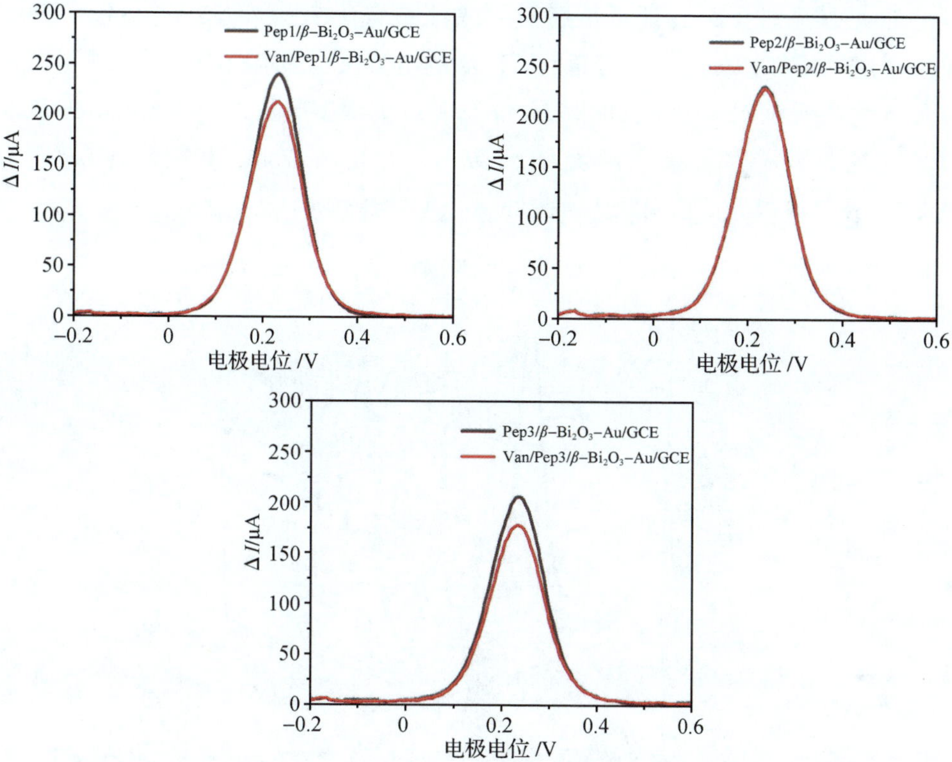

图 2-55 不同电极在 10ng/mL 的 Van 标准溶液中孵育后的 DPV 响应曲线

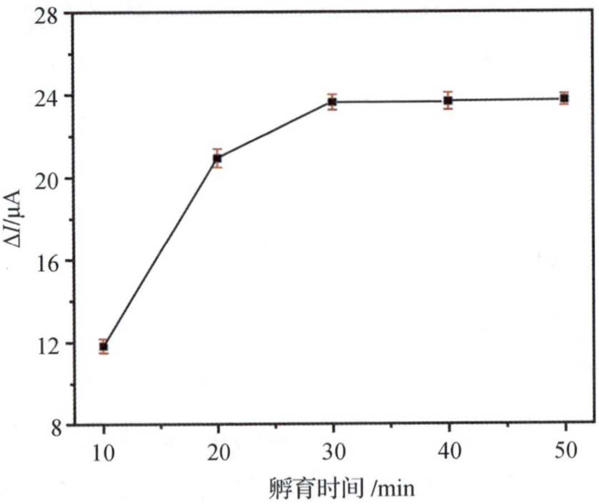

图 2-56　三合一肽电化学传感器孵育时间的优化

间的增加，传感器产生的 Δ*I* 也逐渐增加，从 11.8μA 增加到 23.6μA，并在 30min 后趋于稳定。因此，确定 30min 为 Van 的最优孵育时间。

在最佳条件下，验证了传感器的线性响应范围。如图 2–57 所示，随着 Van 浓度的增加，传感器在孵育后所产生的电流值也逐渐减小。结果显示，在 Van 浓度范围为 0.1~100ng/mL 时，Δ*I* 与 Van 的浓度对数之间存在良好的线性关系（图 2–58）。线性拟合函数为 $\Delta I=I_0-I=7.85\lg c+17.40$，相关系数（$R^2$）为 0.997，计算可得最低检出限为 0.038ng/mL（*S/N*=3）。

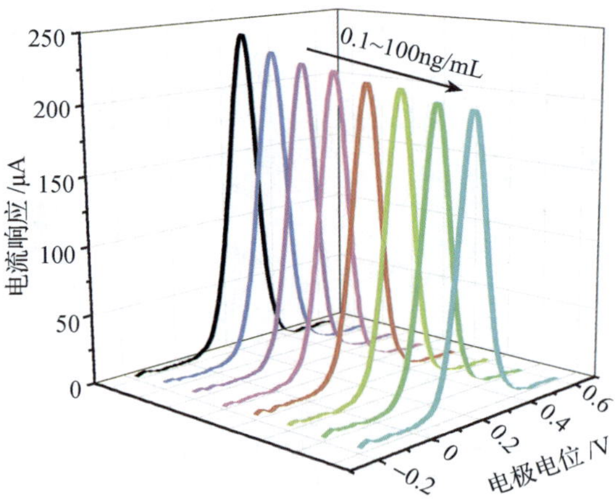

图 2–57　在不同浓度的 Van（0.1~100.0ng/mL）中孵育后的电化学传感器的 DPV 曲线

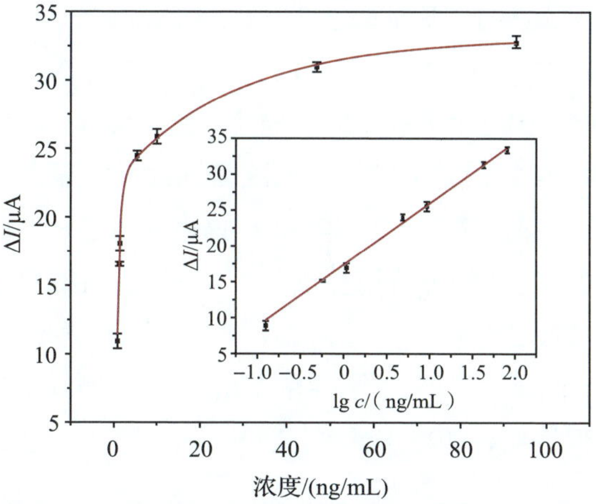

图 2-58 不同浓度的 Van 孵育后的电化学传感器的 ΔI
（插图：拟合的线性曲线）

2.2.2.2 特异性、重复性和稳定性测试

为了评估传感器的特异性，将制备好的传感器置于 500.0ng/mL 的 Van 溶液和浓度均为 50.0μg/mL 的强力霉素、金霉素、四环素和土霉素溶液以及他们的混合溶液中 30min，测试传感器电信号的变化。结果显示，尽管其他常用抗生素的浓度比 Van 高 100 倍，但传感器仅对 Van 溶液和含有 Van 的混合溶液敏感。如图 2-59 所示，传感器仅在 Van 和含有 Van 的混合溶液中产生的电流分别变化为 23.6μA 和 24.1μA，而在其他四种抗生素溶液中传感器引起电流变化低至 1.2μA，表明所构建的传感器对 Van 具有较高的特异性。

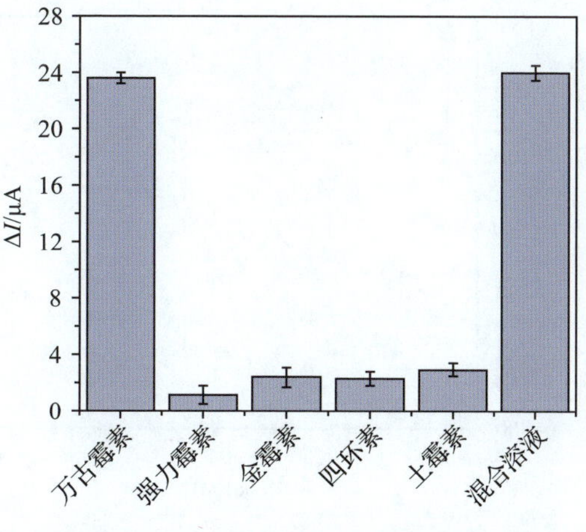

图 2-59 三合一肽电化学传感器特异性测试

为了评估所构建的传感器的重复性，独立制备了7个传感器用于检测浓度为5.0ng/mL的Van。如图2-60所示，测试结果获得了高度一致性（RSD=1.27%）。进一步使用连续CV扫描来评估传感器电化学稳定性。如图2-61所示，在连续扫描10圈CV后，电流曲线没有明显变化，传感器在多次重复测量后性能仍能保持稳定。连续EIS扫描也获得了相同的结果。本研究对传感器在保存时的稳定性也进行了评估。在4℃下，将构建好的传感器存放于浓度为0.2mol/L的PBS溶液中，每天进行DPV测定。如图2-62所示，传感器的电流响应在第四天之前一直保持在原始信号的95.0%以上，表明该传感器在储存4d后仍保持良好的稳定性。

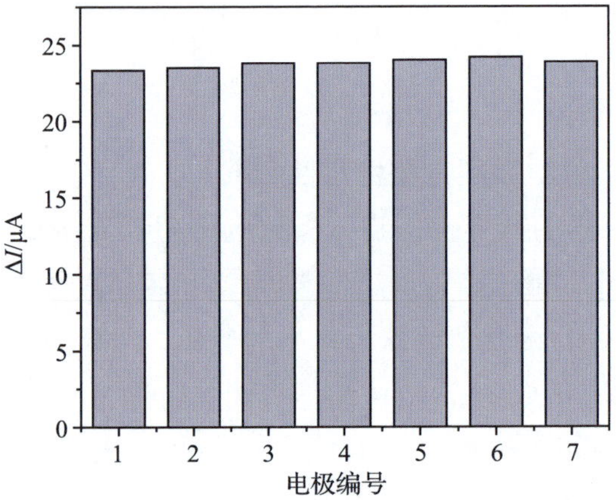

图2-60　三合一肽电化学传感器重复性测试

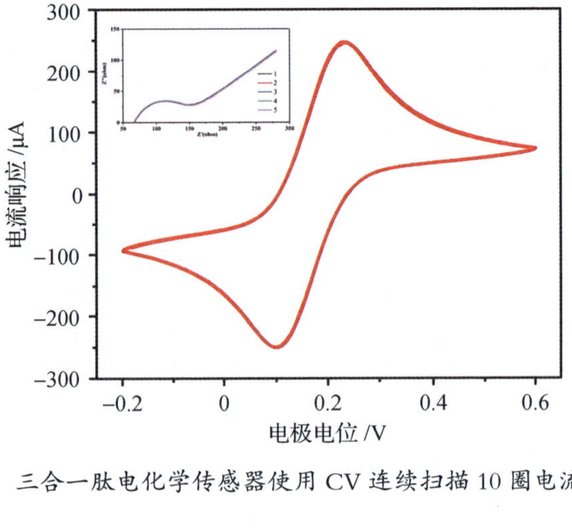

图2-61　三合一肽电化学传感器使用CV连续扫描10圈电流变化图

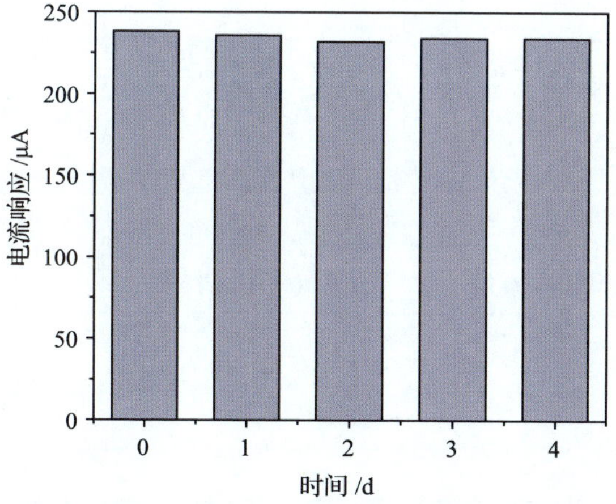

图 2-62 三合一肽电化学传感器保存稳定性测试

2.2.2.3 实际样品分析

本研究将牛乳、蜂蜜和 2g/mL 的乳粉样品稀释 100 倍用于实际样品分析。将 Van 添加至稀释的样品中，使其所含 Van 的浓度分别为 1.00，5.00，10.00ng/mL。使用构建好的传感器对上述样品进行检测并计算加标回收率。同时，使用商业试剂盒对传感器所得到的回收率加以验证。如表 2-2 所示，传感器在牛乳、蜂蜜和乳粉样品中的回收率为 101.3%~110.8%（RSD<6.3%），与市售的试剂盒的检测结果具有良好的一致性。由于试剂盒的定量范围有限，10.00ng/mL 加标样品无法有效检测。以上结果验证了所构建传感器在实际样品测试中的可行性和精度，也表明所构建的传感平台在实际样品检测中具有潜在的应用价值。

表 2-2 所构建抗污传感器和商业试剂盒在食品样品检测中的加标回收率

样品	加标浓度 /（ng/mL）	测量浓度 /（ng/mL）	回收率（平均值 ± 相对标准偏差，n=3）/%	试剂盒验证（平均值 ± 相对标准偏差，n=3）/%
牛乳	1.00	1.06	105.8 ± 4.6	107.6 ± 9.3
	5.00	5.47	105.3 ± 0.6	84.9 ± 0.5
	10.00	10.76	107.6 ± 2.4	—
蜂蜜	1.00	1.01	101.3 ± 1.2	106.0 ± 5.7
	5.00	5.27	109.3 ± 6.3	89.9 ± 1.5
	10.00	10.96	109.6 ± 5.2	—

续表

样品	加标浓度 /（ng/mL）	测量浓度 /（ng/mL）	回收率（平均值 ± 相对标准偏差，n=3）/%	试剂盒验证（平均值 ± 相对标准偏差，n=3）/%
乳粉	1.00	1.07	107.0 ± 2.7	101.9 ± 5.2
	5.00	5.54	110.8 ± 1.4	85.2 ± 3.8
	10.00	10.81	108.1 ± 4.1	—

2.3 基于 U 形四合一肽的抗污电化学传感器的构建及应用

在三合一肽的基础上，本研究新添加一段抗菌多肽序列，构成一条同时具备锚定、识别、抗污和抗菌功能的多功能肽。新添加的抗菌多肽的序列为（Phe–Leu–Lys–Leu–Leu–Lys–Lys–Leu–Leu，FLKLLKKLL），该序列具有优异的广谱抗菌活性，并呈现 α– 螺旋结构[54, 55]。此外，为了平衡抗菌肽所带的正电荷，在抗污序列中额外添加带负电的谷氨酸并将多肽 N 端游离的氨基乙酰化[56]。所设计的多功能肽序列为［Ac–Phe–Leu–Lys–Leu–Leu–Lys–Lys–Leu–Leu–$DOPA_3$–Pro–Pro–Pro–Pro–Glu–Glu–Lys–Asp–Gln–Asp–Lys–Glu–Lys–Ala（D）–Ala（D），Ac–FLKLLKKLL–$DOPA_3$–PPPPEEKDQDKEKaa］，在宏观上成 U 形结构。底端低聚 DOPA 可以起到锚定作用，识别段（Kaa）可以特异性结合 Van，两性离子抗污序列用于抵抗食品样品中蛋白质等生物分子的非特异性吸附，带正电的抗菌序列可以和细菌细胞膜阴离子结合，从而杀死细菌，抗污序列将进一步抵抗杀死后的细菌产生的非特异性吸附。多功能肽在整体上呈现的 U 形结构可以在修饰表面形成更强的排斥力，将更好地抵抗基质污染物的吸附。为增强传感器的检测灵敏度，在传感器表面电沉积一层掺杂聚苯乙烯磺酸酯（PSS）的聚（3,4– 乙烯二氧噻吩）（PEDOT）。PEDOT 是具有导电性好、环境稳定性强、生物相容性好、毒性低等优点的导电聚合物。在电极表面沉积 PEDOT 可以显著提升电极的电流响应，增强传感器检测的灵敏度。基于上述多功能肽及 PEDOT 材料，本研究构建了新型抗污电化学传感器（图 2–63）。所构建的传感器兼具抗污和抗菌功能，可有效地抵御生物分子和细菌的吸附，实现鲜羊乳中 Van 残留的准确检测。

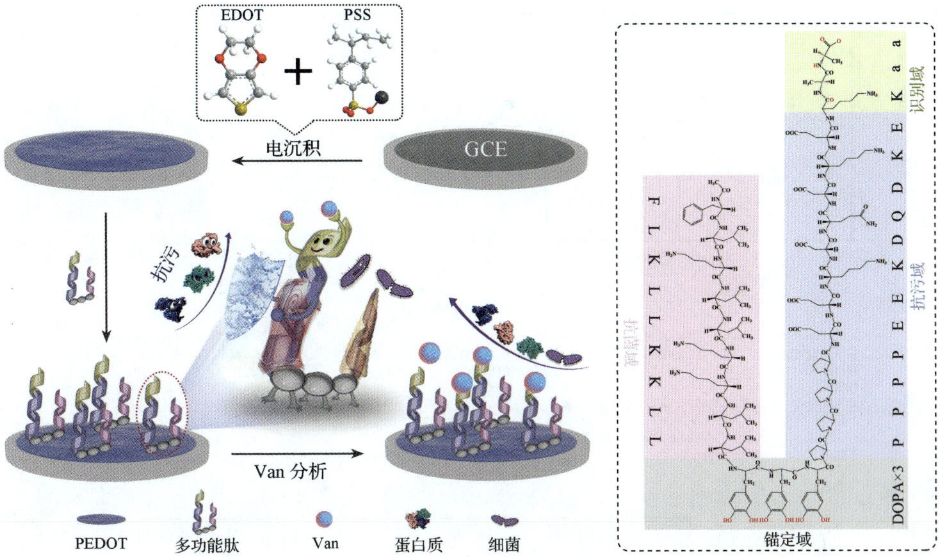

图 2-63 基于多功能肽的抗污电化学传感器构建示意图

2.3.1 基于 U 形四合一肽的抗污电化学传感器的构建

2.3.1.1 相关溶液的配制

（1）生理盐水的配制 准确称量 0.9g 氯化钠加入到 100mL 超纯水中，摇晃均匀后在 121℃下灭菌 20min 备用。

（2）液体培养基和琼脂固体培养基的配制 准确称量 3.0g 胰酪大豆胨液体培养基和 3.3g 营养琼脂分别加入到 100mL 超纯水中，摇晃均匀后在 121℃下灭菌 20min 备用。

2.3.1.2 U 形四合一肽的设计与表征

在多功能肽设计中，为了使其整体呈现电中性，在肽中额外添加了带负电荷的谷氨酸并对多肽的 N 端游离的氨基进行乙酰化。所设计合成的抗污多肽的色谱图和质谱图如图 2-64 所示，多肽的纯度均≥95%，表明多肽成功合成。

将肽溶解至 20mmol/L 的 PBS 溶液中，制备浓度为 0.2mg/mL 的多肽溶液。分别使用 Zeta 电位分析仪和 CD 仪对多功能肽的带电情况和结构信息进行表征。结果如图 2-65 所示，多功能肽的 Zeta 电位约为 0mV，表明多功能肽具有优异的电中性。通过测定多功能肽的 CD 光谱来判断多功能肽的二级结构，CD 的测试参数为：波长范围 190~300nm、步长 0.5nm。CD 光谱图显示

（A）

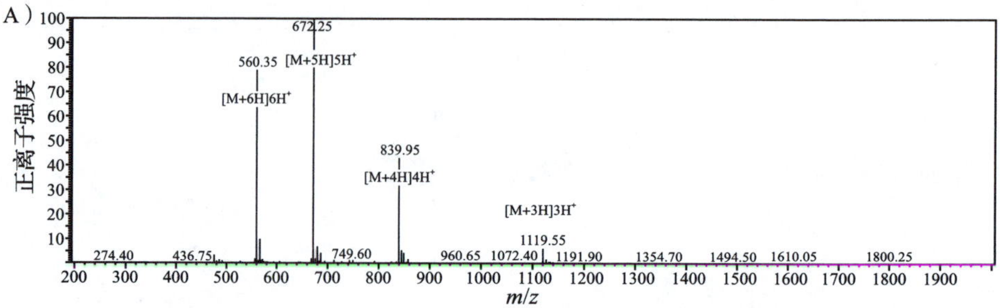

样本信息

溶解样品方法：15%ACN+85%H_2O
获取数据时间：2023/11/08 11:09:31
进样体积　：02μL
模块温度　：200
订单编号　：MTFA60146
名称　：N/A
样品序列　：Ac-FLKLLKKLL-DOPA$_3$-PPPPEEKDQDKEKaa
批次号　：MTFA60146-1027
理论值　：3355.86
观测值　：3356.25

接口　：ESI
雾化气体流量：1.50L/min
CDL 温度　：250℃
CDL 电压　：0V

前置偏压　：+4.5kV
检测器电压　：−0.2kV
总流量　：0.2mL/min
岛津液相流动相 B：50%H_2O/50%MeOH

（B）

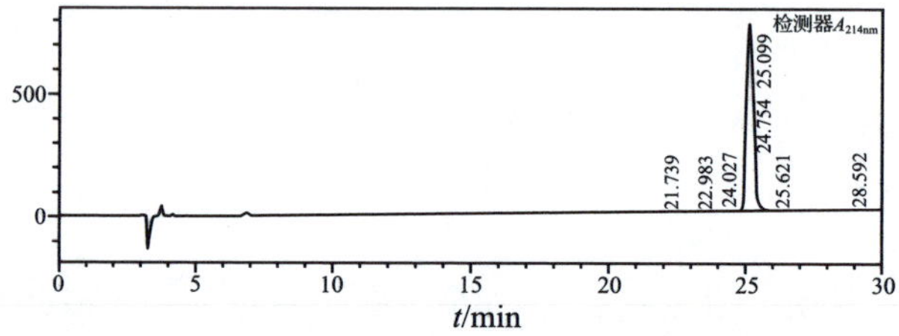

峰值表

检测器A_{214nm}

峰编号	保留时间	峰面积	峰高	面积比/%
1	21.739	8621	1070	0.064
2	22.983	8169	779	0.061
3	24.027	18385	1606	0.137
4	24.754	16597	2121	0.123
5	25.099	13265503	774059	98.569
6	25.621	136881	11003	1.017
7	28.592	3905	387	0.029
总计		13458061	791026	100

图 2-64　多功能肽的电喷雾电离质谱图（A）和 HPLC 图（B）

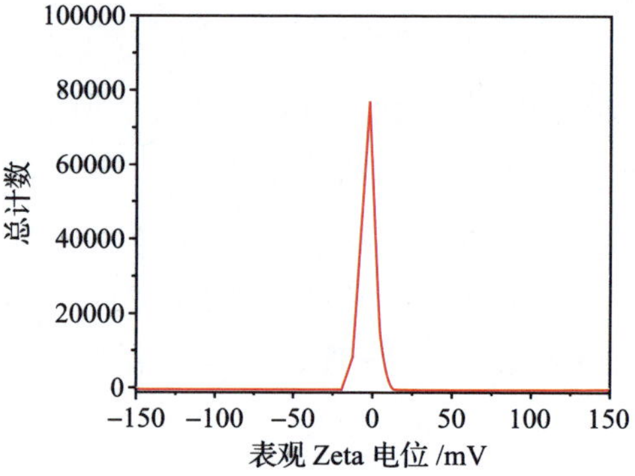

图 2-65　多功能肽的 Zeta 电位图

（图 2-66），在 193nm 处出现正峰带，在 208nm 和 222nm 处出现负峰带，这是典型的 α- 螺旋结构特征峰，这种 α- 螺旋结构有助于提升多肽的修饰密度，以此来形成更加强大的空间位阻。

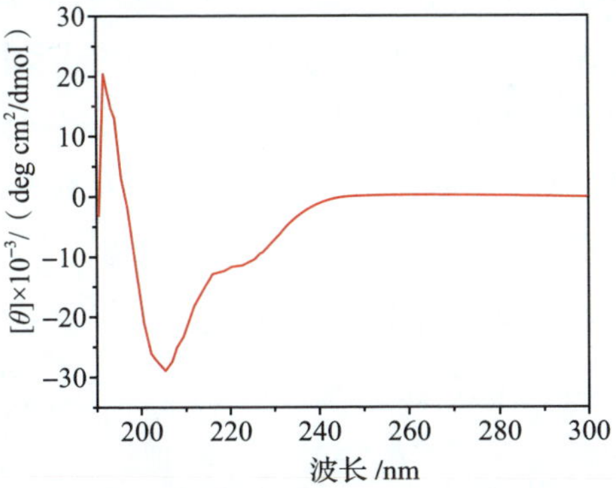

图 2-66　多功能肽的 CD 光谱图

使用静态液滴法测量多功能肽修饰电极的 WCA 来表征多功能肽的亲水性能。结果如图 2-67 所示，GCE 和沉积完导电聚合物的电极（PEDOT/GCE）的 WCA 分别为 72.80° ±0.22° 和 61.47° ±0.37°，当多功能肽在电极表面修饰完成后电极（Pep/PEDOT/GCE）的 WCA 显著降低至 29.60° ±0.57°，表明所设计的多功能肽具有优异的亲水性。

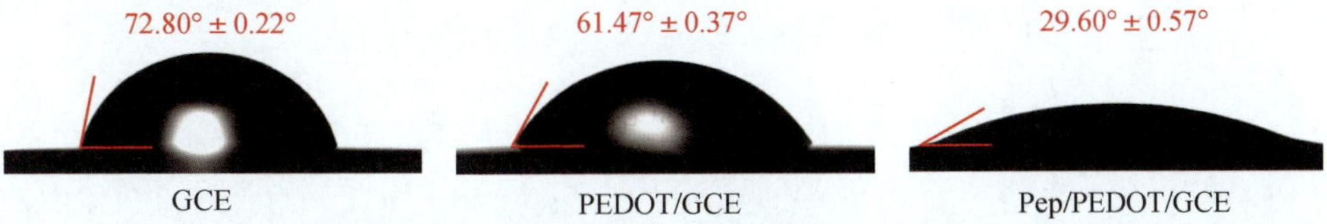

图 2-67　GCE、PEDOT/GCE 和 Pep/PEDOT/GCE 的 WCA 图像

2.3.1.3　传感表面的制备与表征

分别用 0.3μm 和 0.05μm 的氧化铝浆料对 GCE 进行抛光，然后分别用无水乙醇和超纯水洗以去除表面残留的氧化铝颗粒。在 5.0mL 3,4- 乙烯二氧噻吩（EDOT）-PSS 溶液（2.0mg/mL PSS 和 0.02mol/L EDOT）中使用计时电流法在 GCE 表面沉积 PEDOT，其中电压为 1V，沉积时间为 20s。沉积完成后使用超纯水冲洗电极表面，以去除多余的 EDOT，氮气吹干，得到 PEDOT/GCE。进一步对多功能肽的浓度进行优化。将传感表面在含有不同浓度（0.05，0.10，

0.20，0.50，1.00mg/mL）的多功能肽溶液中孵育 30min，计算电极孵育前后的电信号抑制率。如图 2–68 所示，当多功能肽浓度从 0.05mg/mL 增加至 0.2mg/mL 时，电极所产生的信号抑制率也逐渐增加，从 14.78% 上升至 24.27%，表明更多的多功能肽分子修饰在电极表面导致电极的电导率下降。当多功能肽浓度进一步增加时，电信号抑制率保持稳定，表明此时多肽的修饰量达到饱和。因此为确保最优的性能和最小的构建成本，将 0.2mg/mL 作为多功能肽的最佳修饰密度。将 PEDOT/GCE 浸泡在最佳浓度下的多功能肽溶液中 7h，彻底冲洗后得到基于多功能肽的传感表面（Pep/PEDOT/GCE）。构建完成的传感器在使用前储存在 0.2mol/L 的 PBS 缓冲溶液中。

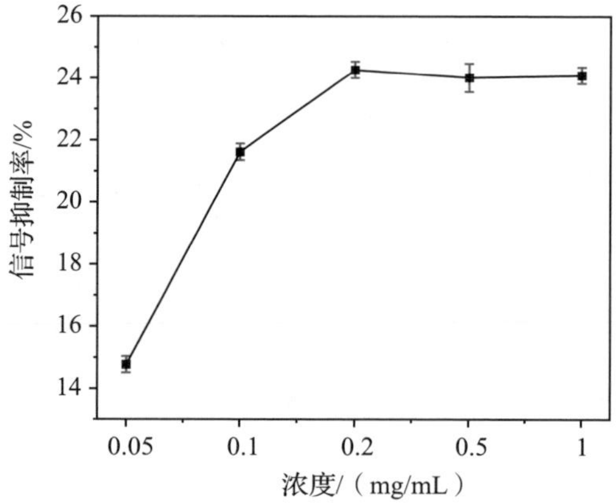

图 2–68　多功能肽浓度的优化

通过 SEM 对不同修饰的电极进行形貌表征。如图 2–69 所示，在沉积 PEDOT 之前，抛光后的 GCE 呈现光滑的表面。当 PEDOT 沉积后，在 GCE 表面形成了一层致密、均匀、粗糙的薄膜，表明 PEDOT 的成功沉积。使用 DPV 和 CV 对不同修饰电极在含有 5mmol/L $[Fe(CN)_6]^{3-/4-}$ 和 0.2mol/L KCl 的 PBS（10mmol/L，pH 为 7.4）中，电位范围为 –0.2~0.6V 时的电化学信号进行测量（图 2–70）。结果显示，当 PEDOT 修饰在 GCE 表面后，DPV 电流由 279.3μA 提高至 334.8μA，这归因于 PEDOT 的高导电性。而进一步修饰多功能肽后，由于多肽的绝缘性，DPV 的电流响应值降至 253.5μA。CV 的检测也得到了相对应的结果，当 PEDOT 修饰后，峰电流明显增强，当多功能肽修饰后，峰电流又出现明显的下降。为了验证传感器对目标物的识别能力，采用修饰完成的传感器对 Van 进行检测。结果表明，当电极在 Van 溶液中孵育后，其电流进

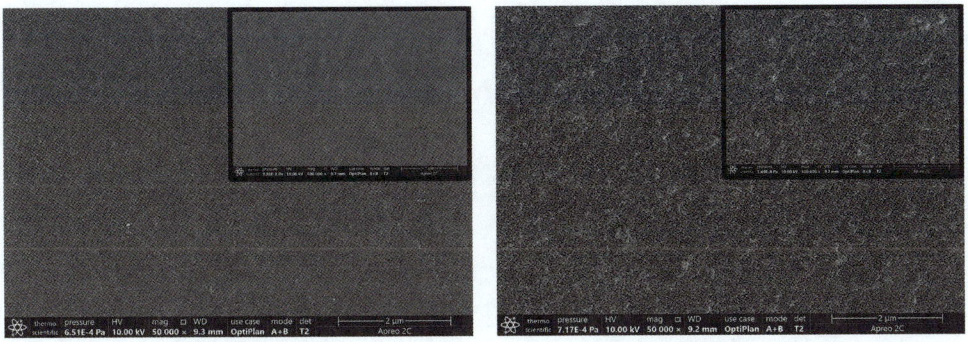
修饰前　　修饰后

图 2-69　PEDOT 修饰前后 GCE 表面的 SEM 图像

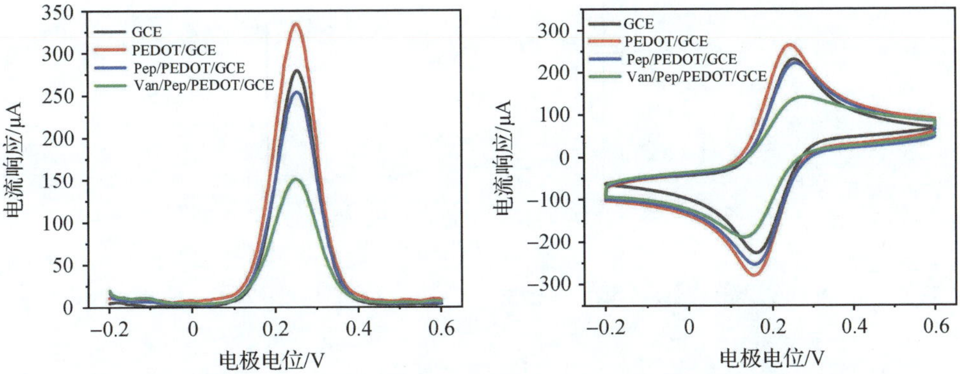

图 2-70　$[Fe(CN)_6]^{3-/4-}$（5.0mmol/L，0.2mol/L KCl）中各种电极的 DPV（左）和 CV（右）响应

一步下降，表明成功捕获到 Van。以上结果表明传感器成功构建。

利用 XPS 对多功能肽修饰前后的表面特征元素进行表征。图 2-71（A）显示，当修饰 PEDOT 后，XPS 总能谱上出现 O_{1s}、C_{1s}、S_{2p} 等元素的峰，初步证明 PEDOT 的成功沉积。如图 2-71（B），PEDOT 的 C_{1s} 的详细能谱显示，在 284.7eV 和 286.4eV 处分别出现由 C—C 键和 C—O/C—N 所形成的典型强峰。此外，在 289.0eV 处还出现了一个由 π-π 相互作用形成的微峰。如图 2-71（C），在 S_{2p} 的详细能谱中，分别发现了 PSS 和 PEDOT 的 $S_{2p1/2}$ 和 $S_{2p3/2}$ 的典型峰，这是由 PSS 中的磺酸盐和 PEDOT 中的 C—S 所形成的。以上结果均证明 PEDOT 的成功修饰。当多功能肽修饰后，XPS 能谱发生了相应的变化。图 2-72（A）显示，当多肽修饰后，XPS 总能谱中的 N 元素的峰值大幅度上升，S

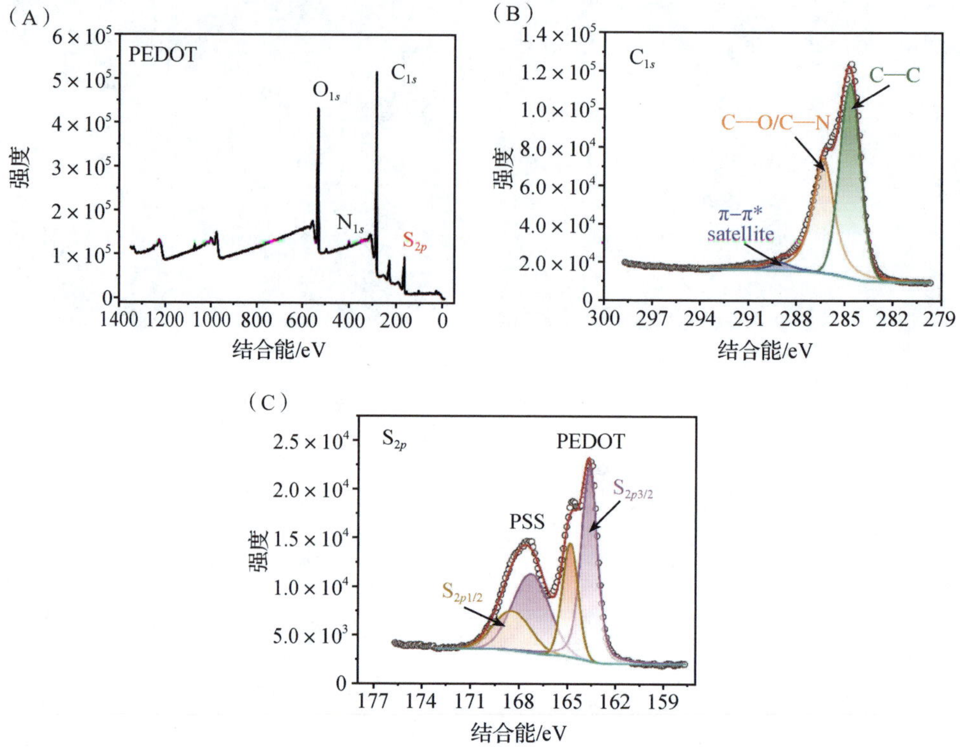

图 2–71　PEDOT 修饰电极的 XPS 能谱图（A），C_{1s}（B）和 S_2p（C）的详细 XPS 能谱

元素的峰值大幅度下降。该结果表明在 PEDOT 层上修饰了大量的多功能肽。如图 2–72（B），C_{1s} 的详细能谱显示，在 284.7eV 和 286.4eV 处也分别出现典型的强峰，这同样来自多肽中的 C—C 键和 C—O/C—N 键。与 PEDOT 的 C_{1s} 的详细能谱不同的是，在多功能肽修饰后，C_{1s} 的详细能谱的 287.8eV 处出现由多肽序列中的羧基形成的强峰。图 2–72（C）中 N_{1s} 的详细能谱显示，在 399.7eV 处出现了 C—N 键的特征峰，这对应多肽中大量的酰胺键。在 401.6eV 处出现了季铵阳离子（$—NH_3^+$）的特征峰，这是由赖氨酸侧链基团中的游离氨基电离所导致的。上述分析表明，多功能肽成功修饰在 PEDOT 层上方。

2.3.1.4　传感器抗污性能测试

将 BSA、LYS 和 Mb 分别溶解在 20mmol/L 的 PBS 中，分别制备浓度为 0.1，1.0，10.0mg/mL 的单一蛋白质溶液。将不同的修饰电极（GCE、PEDOT/GCE 和 Pep/PEDOT/GCE）浸泡在上述的单一蛋白质溶液中 30min。随后在含有5mmol/L［$Fe(CN)_6$］$^{3-/4-}$ 和 0.2mol/L KCl 的 PBS（10mmol/L，pH 为 7.4）中进

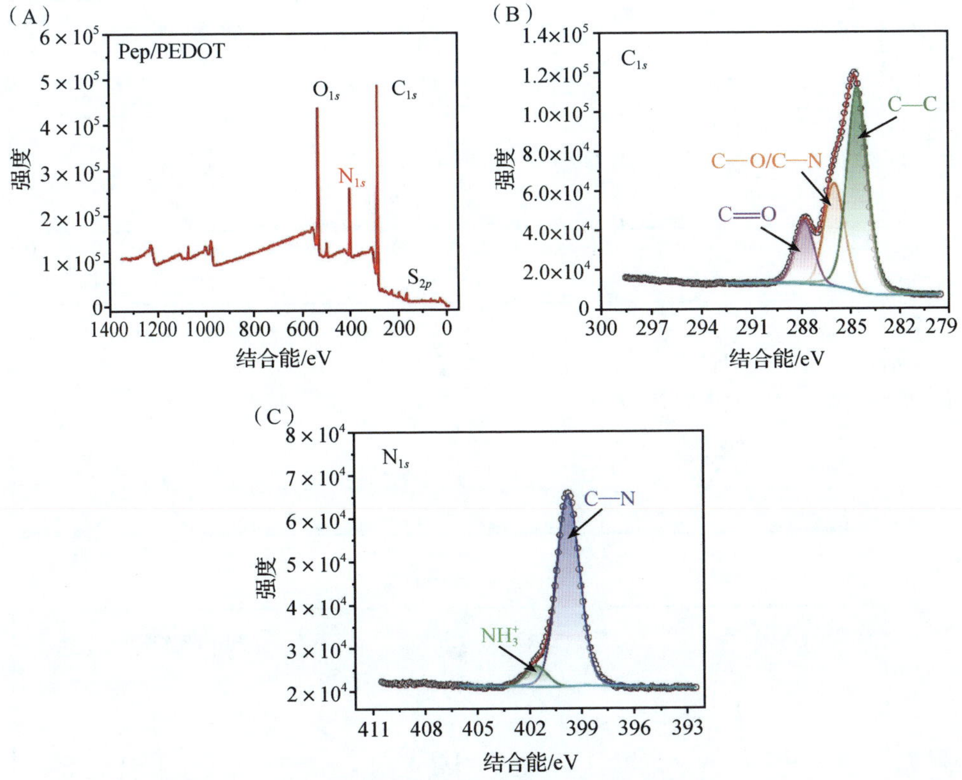

图 2-72　Pep/PEDOT 修饰电极的 XPS 能谱图（A），C_{1s}（B）和 N_{1s}（C）的详细 XPS 能谱

行 DPV 测量，测试的电位范围为 -0.2~0.6V，对比浸泡前后电极的 DPV 响应曲线。结果如图 2-73 所示，GCE、PEDOT/GCE 在不同蛋白质溶液中浸泡后，DPV 曲线均出现了不同程度的下降，说明蛋白质分子在电极的表面产生了不同程度的吸附。而多功能肽修饰的电极（Pep/PEDOT/GCE）在蛋白质溶液中浸泡后，DPV 曲线仅发生了轻微的变化，表明多功能肽对蛋白质分子的吸附作用产生了有效的排斥。图 2-74 显示了电极在蛋白质溶液中浸泡前后所产生的电信号抑制率。在不同浓度的不同蛋白质溶液中，Pep/PEDOT/GCE 的信号抑制率均小于 GCE 和 PEDOT/GCE。即使在高浓度（10mg/mL）的蛋白质溶液中，Pep/PEDOT/GCE 的信号抑制率仍低至 2.71%，而 GCE 和 PEDOT/GCE 的信号抑制率则分别高达 79.00% 和 30.60%。表明本研究所构建的肽修饰的传感器能够有效地防止蛋白质的吸附。

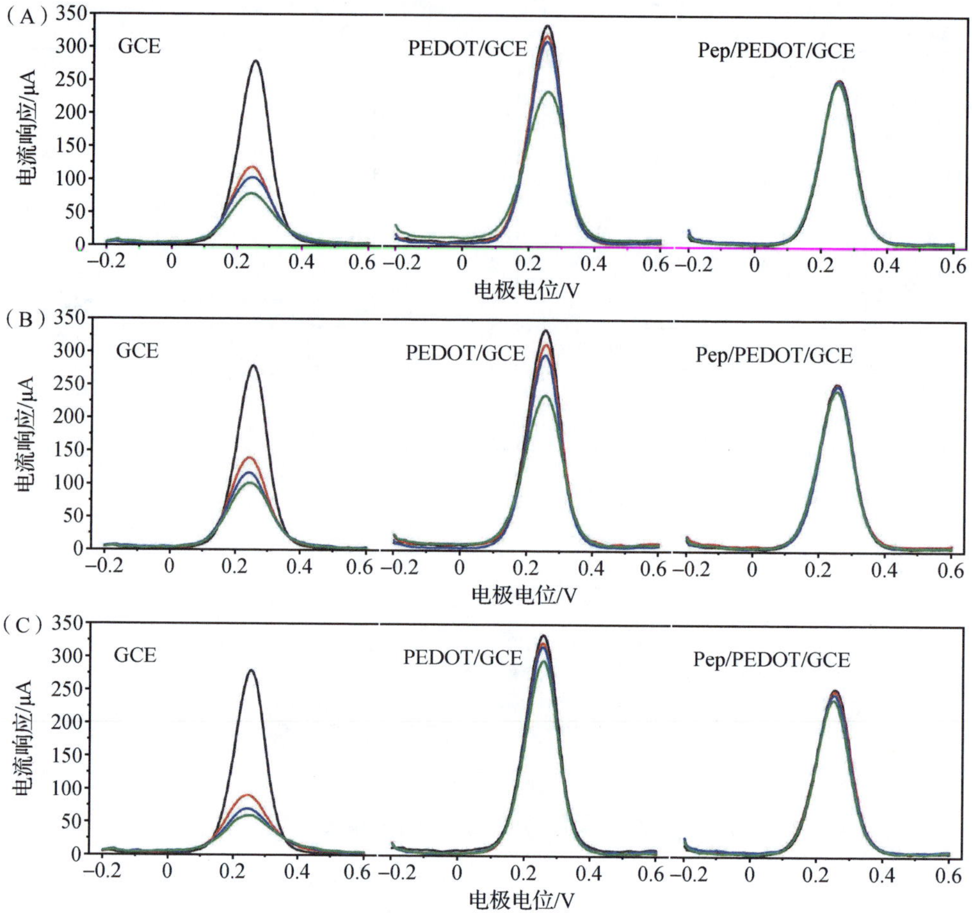

图 2-73　在不同浓度的 BSA（A）、LYS（B）和 Mb（C）溶液中浸泡后，GCE、PEDOT/GCE 和 Pep/PEDOT/GCE 的 DPV 响应曲线

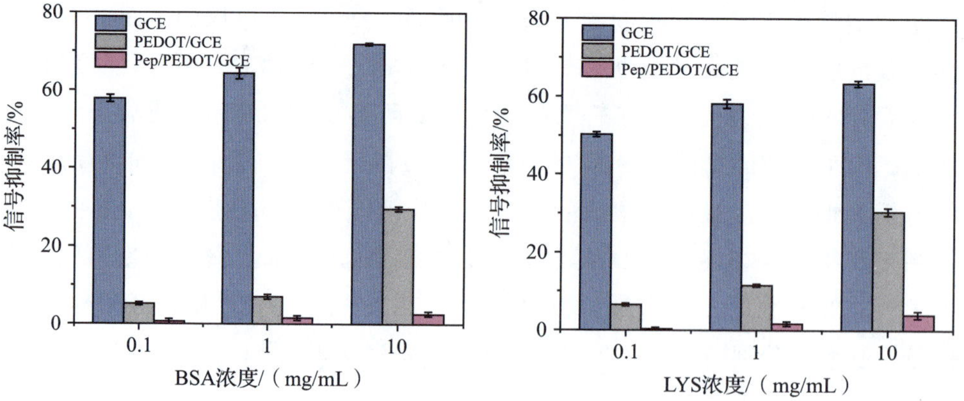

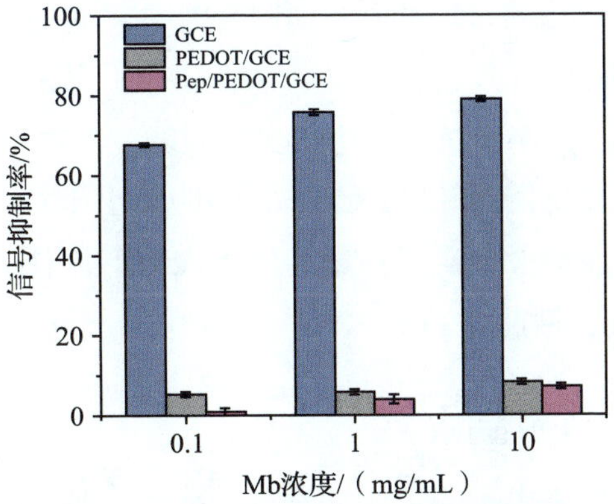

图 2-74　不同电极在不同浓度的不同蛋白质溶液中浸泡后的信号抑制率

采用稀释后的鲜羊乳进一步验证多功能肽修饰表面的抗污性能。用 20mmol/L 的 PBS 将鲜羊乳按照 1%、3%、5%、10% 和 25% 的比例稀释，将电极浸泡在稀释后的鲜羊乳中 30min，计算浸泡后电极所产生的信号抑制率。如图 2-75 所示，在 1% 的鲜羊乳中浸泡 30min 后，Pep/PEDOT/GCE 的信号抑制率为 0.70%，而 GCE 和 PEDOT/GCE 则分别具有高达 75.08% 和 9.43% 的信号抑制率。当鲜羊乳的浓度提升 25 倍后（稀释比例为 25%），Pep/PEDOT/GCE 仍能保持 6.23% 的信号抑制率，GCE 和 PEDOT/GCE 的信号抑制率分别高达 88.61% 和 20.75%。以上结果表明所构建传感表面即使在复杂的检测环境中仍能保持优异的抗污性能。

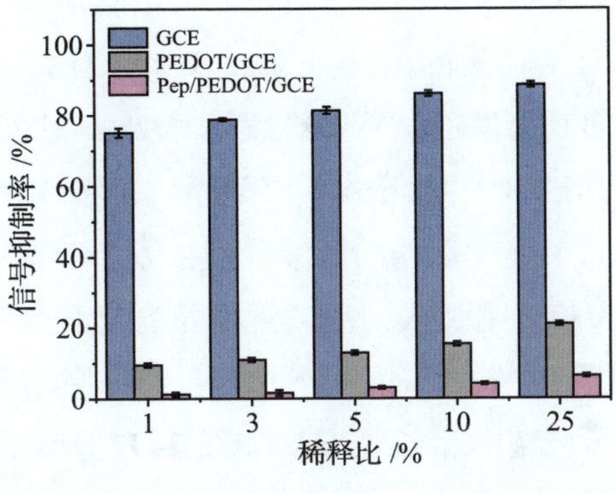

图 2-75　不同电极在不同稀释比例的鲜羊乳样品中孵育后的信号抑制率

此外，将电极浸泡在1%的鲜羊乳样品中，通过记录不同浸泡时间（30min、1h、2h、3h和4h）下电极产生的信号抑制率来验证传感表面的长期抗污性能。结果如图2-76所示，当浸泡时间长达4h时，多功能肽修饰的传感表面所产生的信号抑制率也仅为8.25%，均明显小于GCE和PEDOT/GCE的89.25%和20.51%。该结果表明所构建的传感表面即使长时间浸泡在复杂样品中，仍具备优异的抗污性能。

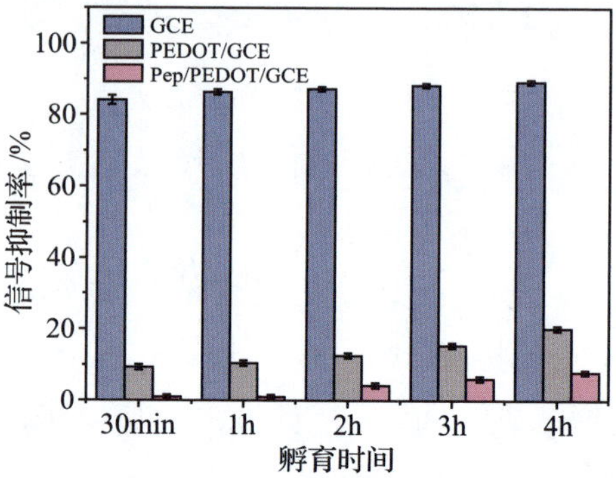

图2-76 不同电极在1%的鲜羊乳样品中的长期抗污性能测试

2.3.1.5 细菌培养和抗菌测试

本研究通过新增一段具有广谱抗菌活性的抗菌肽序列，使其在原本优异抗污能力的基础上同时兼具抗菌性能[57]。先将甘油保藏的大肠杆菌进行活化。取1mL原菌液加入到10mL的液体培养基中，在温度为37℃、转速为180r/min的摇床中培养24h，完成对大肠杆菌的活化。将活化后的大肠杆菌用生理盐水稀释10^5倍，取100μL稀释后的菌液分别加入到含有2mg前文所构建的三合一肽和本节所构建的多功能肽的试管中继续培养2h。将20mL的琼脂营养液加入到直径为100mm的培养皿中，等营养液凝固后，将稀释后的大肠杆菌菌液、在三合一肽和多功能肽中继续培养的菌液分别接入培养皿中，恒温（37℃）培养24h。将稀释后的大肠杆菌加入到空试管以及含有三合一肽的试管中作为对照。2h后，将三个试管里的大肠杆菌分别接入到琼脂培养基中，37℃继续恒温培养24h，观察大肠杆菌的生长情况。如图2-77所示，对照组的培养基中生长出密密麻麻的大肠杆菌菌落，而实验组则仅长出极少数的菌落，表明多功能肽有能力将活化后的大肠杆菌杀死，具备优异的抗菌性能。

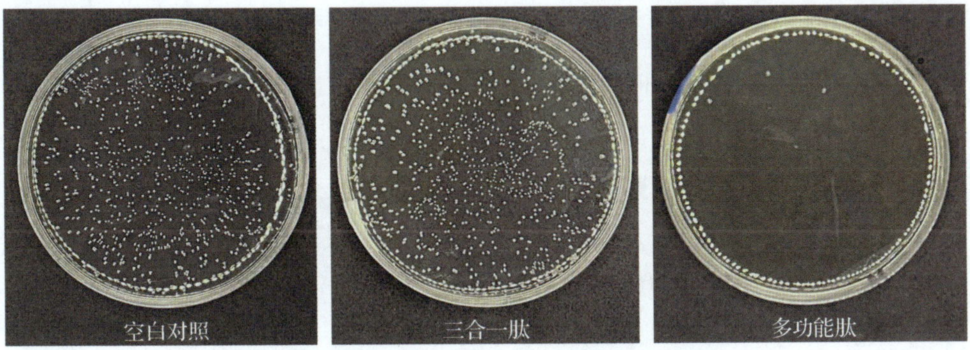

图 2–77 在不同材料处理后大肠杆菌的生长情况

将细菌杀死后，还要防止死去的细菌在传感器表面产生吸附。本研究进一步将不同的修饰电极（GCE、PEDOT/GCE 和 Pep/PEDOT/GCE）孵育在每毫升含有 3×10^8 个 FITC 标记的大肠杆菌颗粒的溶液中 6h。使用以大量超纯水冲洗浸泡后的电极表面，氮气吹干后避光保存。在激发波长和接受波长分别为 494nm 和 518nm 的条件下，对电极表面的荧光强度进行测试。荧光图像显示，GCE 和 PEDOT/GCE 的表面均有很高的荧光强度，表明有非常严重的细菌黏附。而当多功能肽修饰后，电极表面的荧光强度显著降低。该结果与蛋白质吸附实验的结果一致，表明经过多功能肽修饰后，传感表面不仅具备优异的抗蛋白质吸附性能，还具备优异的抗菌吸附性能（图 2–78）。这样的特性使得多功能肽修饰的传感表面不仅可以在高蛋白质溶液中实现灵敏检测，同时还可以在含有细菌的样品中实现灵敏检测，极大拓宽了传感器的应用范围。

图 2–78 孵育 6h 后吸附 GCE（左）、PEDOT/GCE（中）和 Pep/PEDOT/GCE（右）上的大肠杆菌的共聚焦图像

2.3.2 传感器性能评价及在鲜羊乳中万古霉素检测的应用

2.3.2.1 万古霉素的定量分析

将构建好的传感器在不同浓度（0.05~10.00μg/mL）的Van标准溶液孵育30min，使用DPV测量孵育后传感器的电流响应，并计算孵育前后的信号抑制率。如图2-79所示，当Van的浓度增加时，传感器所产生的DPV信号逐渐降低，表明传感器捕获到更多的Van。在0.05~10μg/mL范围内，DPV信号的变化与Van浓度的对数呈现线性关系。线性拟合函数为［（I_0–I_1）/I_0］×100%=13.52lg c+27.39，R^2=0.991（图2–80）。最低检出限为2.06ng/mL（S/N=3）。以上结果表明所构建的传感器可以在较宽的范围内对Van实现灵敏检测。

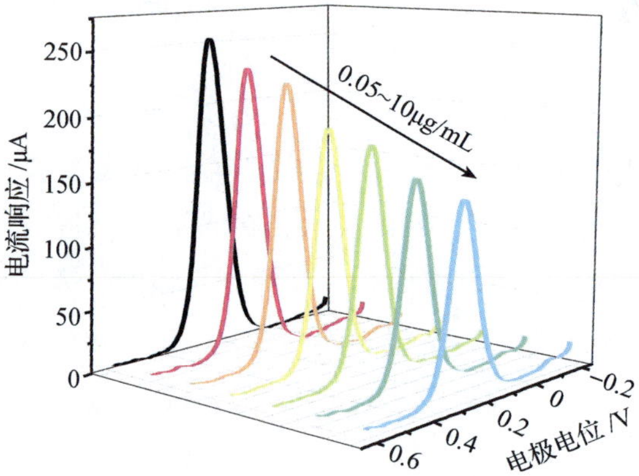

图2–79 在不同浓度的Van（0.05~10μg/mL）中孵育后的电化学传感器的DPV曲线

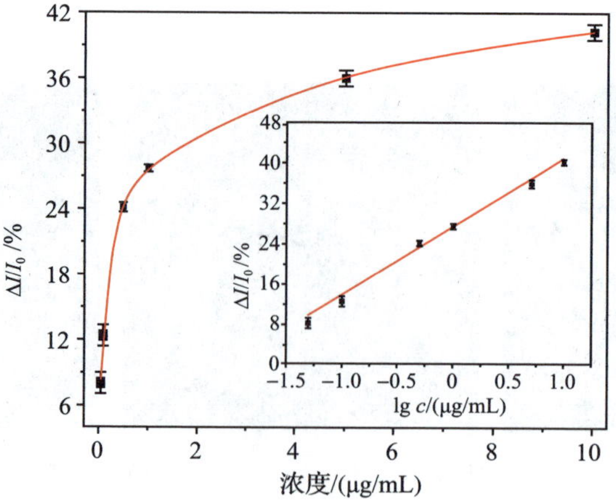

图2–80 不同浓度的Van孵育后电化学传感器的ΔI
（插图：拟合的线性曲线）

2.3.2.2 特异性、重复性和稳定性测试

采用构建好的传感器检测浓度为0.1μg/mL的Van溶液以及其他几种常见的浓度为10μg/mL的抗生素溶液（金霉素、强力霉素、四环素和土霉素及它们的混合溶液）并记录产生的DPV电流变化，以此评估传感器的特异性。如图2-81所示，所构建的传感器仅对Van溶液和混合溶液有明显的响应，表明传感器对Van展现出优异的特异性。

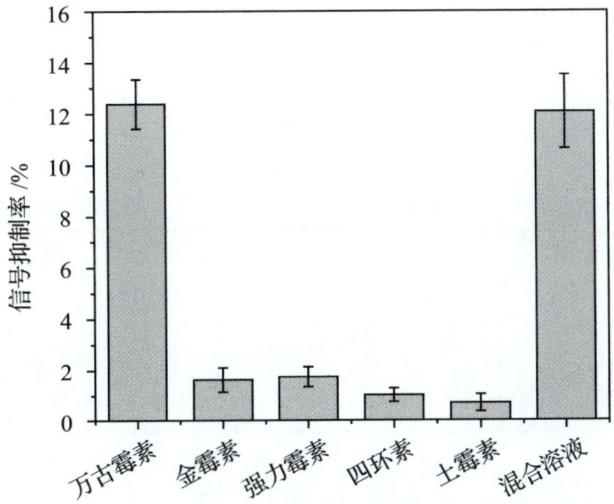

图2-81 多功能肽电化学传感器的特异性测试

本研究进一步评估了电化学传感器的重复性。按照前面所述步骤制备7个独立的传感器，制备完成后，在相同浓度的Van溶液中测试DPV信号。结果如图2-82所示，独立制备的传感器之间所产生的信号表现出一

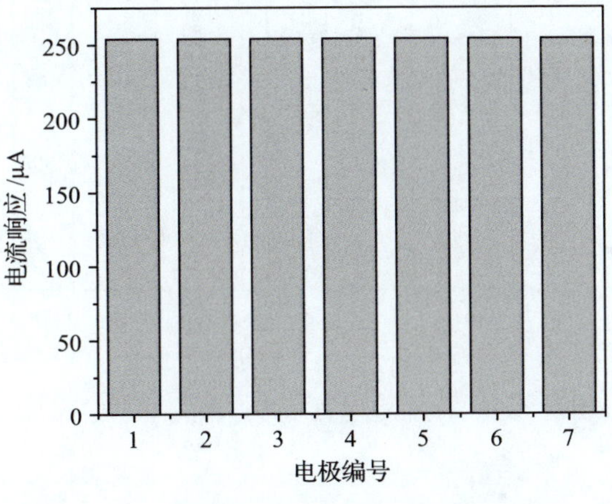

图2-82 多功能肽电化学传感器重复性测试

致性（RSD=0.24%），表明传感器具有优异的重复性。此外，在电压范围为 -0.2~0.6V，扫描速率为 0.1V/s 的参数下连续进行 10 圈 CV 扫描以验证传感器的电化学稳定性。如图 2-83 所示，连续测量后 CV 曲线完全重合，证明所构建的传感器具备优异的电化学稳定性。进一步对其保存稳定性进行验证，在 4℃下，将几个构建好的传感器保存在 0.2mol/L PBS 中，每天进行 DPV 测定。结果表明，在储存 48h 后，该传感器的信号变化率仅为 2.37%（图 2-84）。

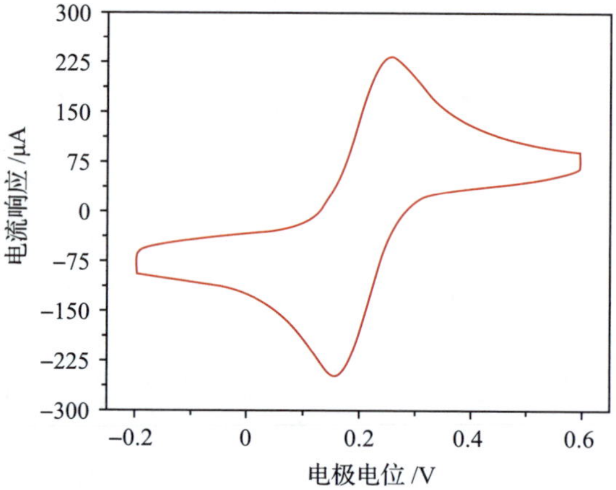

图 2-83　多功能肽电化学传感器电化学稳定性测试

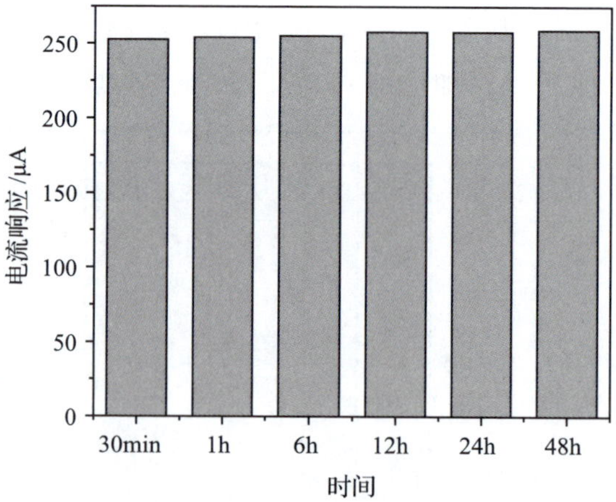

图 2-84　多功能肽电化学传感器保存稳定性测试

2.3.2.3 实际样品分析

未经过灭菌的动物性食品中不仅含有蛋白质等生物分子，往往还会存在大量的细菌，在该类样品中实现对目标物的灵敏检测对传感器提出了更高的要求。为验证构建的传感器检测的准确性，在鲜羊乳中进行加标回收实验。鲜羊乳从当地农户中获取，验证该样品为阴性样本。为验证检测结果，使用商用试剂盒对同一样品进行同步检测。鉴于传感器优异的抗污和抗菌性能，在使用传感器进行分析时，只需要对样品进行稀释便可进行检测操作。如表 2–3 所示，传感器在鲜羊乳中的加标回收率为 101.3%~105.3%，与试剂盒所得到的结果一致。以上分析结果表明所构建的传感器可以在更复杂的样品中实现对目标物的精准灵敏检测，具有一定的实际应用前景。

表 2–3 抗污电化学传感器和商用试剂盒在鲜羊乳检测中的加标回收率

样品序号	加标浓度 /（μg/mL）	测量浓度 /（μg/mL）	回收率（平均值 ± 相对标准偏差，n=3）/%	试剂盒验证（平均值 ± 相对标准偏差，n=3）/%
1	0.050	0.051	101.3 ± 0.9	90.0 ± 3.9
2	0.100	0.105	105.3 ± 2.0	122.1 ± 17.7
3	0.400	0.415	103.7 ± 3.1	113.0 ± 7.5

2.4 基于 Y 形肽的抗污电化学适配体传感器的构建及应用

宏观结构的改变可以增加两性离子肽在传感表面上的修饰密度，通过增大表面空间位阻，进一步增强其抗污能力。在两性离子肽的设计和筛选过程中，可对肽的宏观结构进行调整，这也是其优于其他抗污材料的一大优势。本研究设计了具有分支结构的电中性两性离子肽［Cys–Pro–Pro–Pro–Pro–Glu–Lys–（Arg–Ser–Glu–Arg–Ser–Glu–Arg–Ser–Glu）$_2$，CPPPPEK–（RSERSERSE）$_2$］。该 Y 形肽包括锚定域、支撑域和抗污域三个功能分区，两段抗污域设计成两个分支，在空间结构上形成 Y 形。在此基础上，将设计的 Y 形肽和硫醇化的 TC 适配体一步自组装在 AuNPs 修饰的 GCE 上，构建了用于检测牛乳样品中 TC 的抗污电化学适配体传感器（图 2–85）。由于该抗污多肽存在两个分支结构，增加了其在传感表面上的修饰密度，形成了致密且稳定的自组装单层[58]。通过与具有相同抗污序列的直链肽和环肽对比，Y形肽修饰的传感表面抗污能力更强。所构建的传感器能够有效简化样品前处理，仅通过稀释即可实现牛乳样品中TC残留的高灵敏和特异性检测。

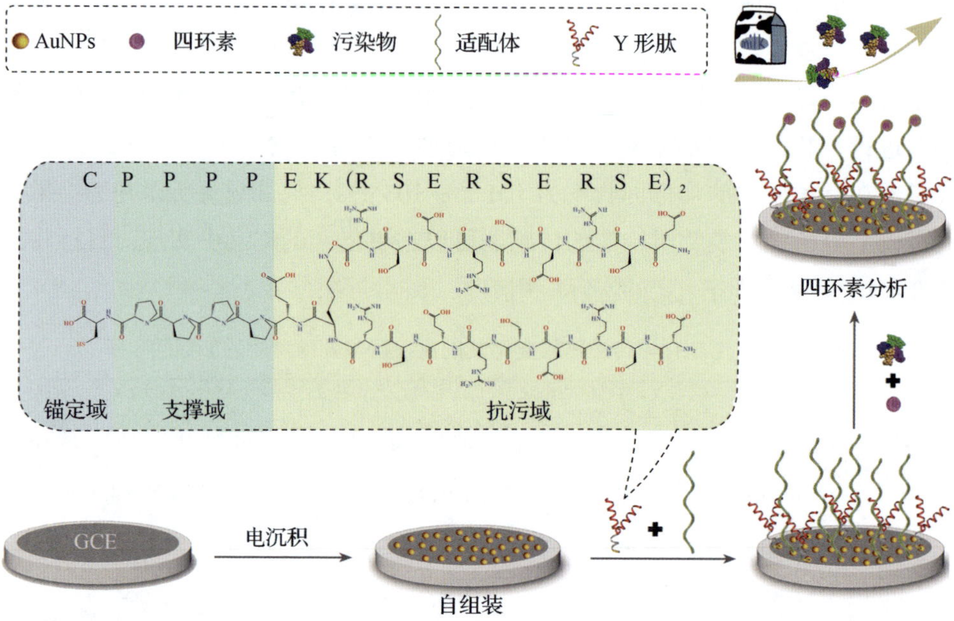

图2-85 基于Y形肽的抗污电化学适配体传感器的构建

2.4.1 基于Y形肽的抗污电化学适配体传感器的构建

2.4.1.1 相关溶液的配制

（1）0.2mol/L PBS的配制 称取71.6g磷酸氢二钠（$Na_2HPO_4 \cdot 12H_2O$）和31.2g磷酸二氢钠（$NaH_2PO_4 \cdot 2H_2O$），置于1000mL容量瓶中定容。分别得到0.2mol/L Na_2HPO_4溶液和0.2mol/L NaH_2PO_4溶液。用量筒分别量取81mL浓度为0.2mol/L的Na_2HPO_4溶液和19mL浓度为0.2mol/L的NaH_2PO_4溶液，然后加入0.9g氯化钠（NaCl），充分搅拌混匀后，得到100mL浓度为0.2mol/L的PBS溶液。

（2）电化学探针溶液的配制 准确称取铁氰化钾（$K_3[Fe(CN)_6]$）固体164.62mg，亚铁氰化钾（$K_4[Fe(CN)_6]$）184.17mg和氯化钾（KCl）1491.02mg。将0.2mol/L pH7.4的PBS溶液稀释至0.01mol/L，然后用0.01mol/L pH7.4的PBS溶液作为溶剂溶解上述药品，最后定容至100mL容量瓶中，得到亮黄色溶液，即得到 5mmol/L 电化学探针（K_3［$Fe(CN)_6$］/K_4［$Fe(CN)_6$］，含有 0.2mol/L KCl）溶液，用锡箔纸包好，置于 4℃冰箱保存待用。

2.4.1.2 Y 形肽的设计与表征

本研究设计了具有相同抗污序列和三种不同结构的两性离子肽，包括 1 条直链肽（Pep1，CPPPPRSERSERSE）、1 条环肽（Pep2，CRSERSERSEC）和 1 条 Y 形肽［Pep3，CPPPPEK-$(RSERSERSE)_2$］。具体如下：将含有巯基（—SH）的半胱氨酸（C—）作为锚定端，聚脯氨酸（—PPPP—）作为连接端使肽形成刚性结构[59]。然后将带正电荷的精氨酸（—R—）与带负电荷的谷氨酸（—E—）交替排列，并插入不带电荷的亲水性丝氨酸（—S—），以提高两性离子肽的亲水性，从而完成直链肽的设计[60]；在直链肽的基础上，去除—PPPP—，并在序列的另一端加 C—，使肽在两端锚定，进一步形成环状结构，从而完成环肽的设计；赖氨酸（—K—）的两个氨基可以作为两性离子肽的分枝，加入 E（Glu）平衡 K（Lys）的电荷，从而完成 Y 形肽的设计。所设计合成的对照肽（直链肽、环肽）与 Y 形肽的色谱图和质谱图如图 2-86~图 2-88 所示。

本研究利用 Zeta 电位仪验证肽的带电情况，3 条肽均接近中性，其中，Y 形肽的 Zeta 电位为 -2.50mV，最接近电荷中性（图 2-89）。本研究采用静态液滴法测量不同修饰表面的 WCA[61]（图 2-90）。GCE、AuNPs/GCE 的 WCA 分别为 60.6° ±0.8° 和 69.2° ±0.8°，表明 AuNPs 修饰的表面具有一定的疏水性。当三种多肽修饰后，Pep1/AuNPs/GCE，Pep2/AuNPs/GCE 和 Pep3/AuNPs/GCE 的 WCA 分别下降到 31.4° ±0.9°，30.2° ±0.9°，27.7° ±0.6°。表明三种多肽均具有亲水性，并且 Y 形肽修饰的表面具有最好的亲水性。

以单一蛋白质溶液为模拟体系，初步评价了三种多肽修饰传感表面的抗污性能。将 Pep1/AuNPs/GCE、Pep2/AuNPs/GCE、Pep3/AuNPs/GCE 分别浸入 1.0mg/mL BSA 中孵育 30min（图 2-91）。与直链肽修饰的电极和环肽修饰的电极相比，Y 形肽修饰的电极浸泡后电流几乎没有变化。虽然三种多肽均表现出抗污作用，但 Y 形肽修饰的电极具有更好的抗污效果。这是因为它形成了更复杂的结构，有助于空间位阻的增强，从而大大减少了蛋白质在修饰表面上的吸附[62]。因此，选择 Y 形肽用于后续抗污电化学适配体传感器的构建。

（A）

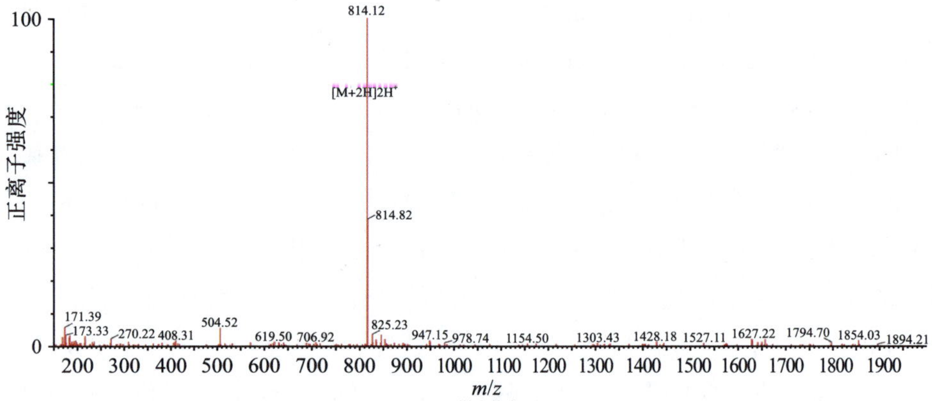

样本信息

溶解样品方法：0.1mg sample dissolved to 0.5mL by 50%ACN and 50%H_2O
获取数据时间：2022/11/01 10:31:20
进样体积：1μL
订单编号：P26528-1
名称：N/A
样品序列：CPPPPRSERSERSE
批次号：P26528-1-22100901
理论值：1626.759
观测值：1626.24

接口：ESI
雾化气体流量：1.50L/min
CDL 温度：250°C
CDL 电压：0V
模块温度：200

前置偏压：+4.5kV
检测器电压：−0.2kV
总流量：0.2mL/min
岛津液相流动相 B：50%H_2O/50%MeOH

（B）

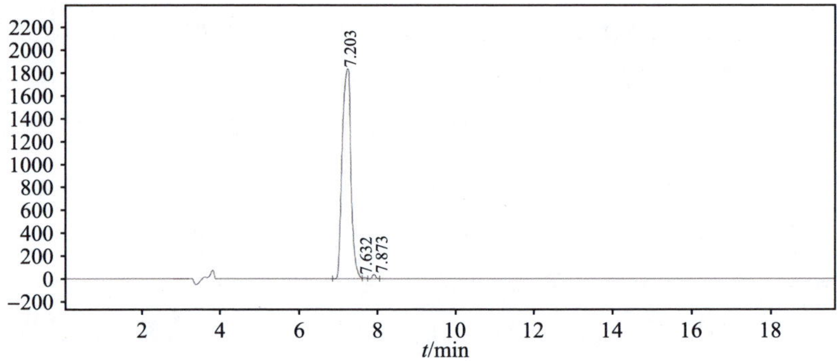

检测器A_{214nm}

峰值表

峰编号	保留时间	峰面积	峰高	面积比/%	高度比/%
1	7.203	26992566	1836535	98.870	97.242
2	7.632	83268	13320	0.305	0.705
3	7.873	225711	38768	0.825	2.053
总计		27301545	1888623	100	100

图 2-86　直链肽的电喷雾电离质谱图（A）和 HPLC 图（B）

（A）

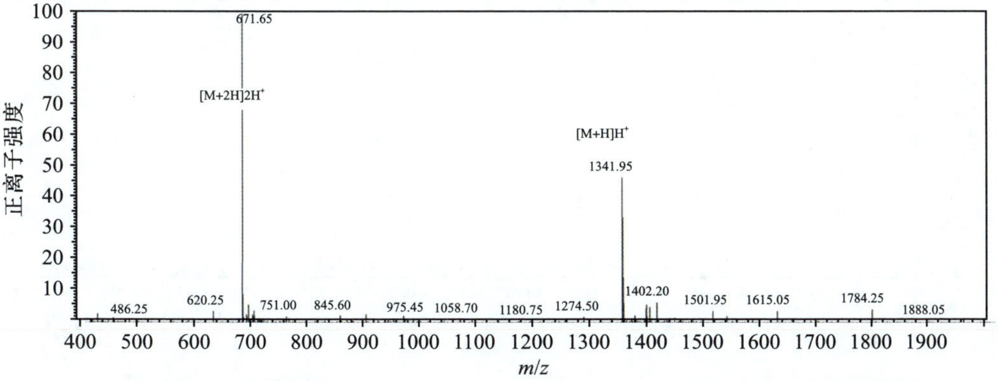

样本信息

溶解样品方法：15%ACN+85%H_2O
获取数据时间：2022/12/19 10:10:48
进样体积　：0.2μL
模块温度　：200
订单编号　：GTA62067-2
名称　：N/A
样品序列　：CRSERSERSEC
批次号　：GTA62067-2-1202
理论值　：1341.42
观测值　：1341.30

接口　：ESI
雾化气体流量：1.50L/min
CDL 温度　：250°C
CDL 电压　：0V

前置偏压　：+4.5kV
检测器电压　：-0.2kV
总流量　：0.2mL/min
岛津液相流动相 B：50%H_2O/50%MeOH

（B）

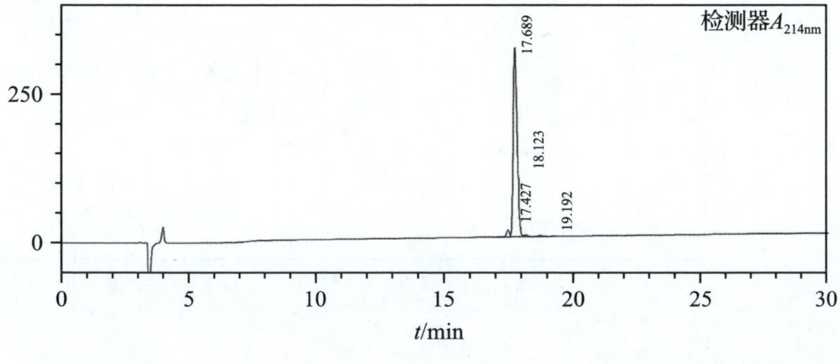

峰值表

检测器A_{214nm}

峰编号	保留时间	峰面积	峰高	面积比/%
1	17.427	100435	11311	2.893
2	17.689	3314867	316856	95.491
3	18.123	54456	2966	1.569
4	19.192	1634	214	0.047
总计		3471391	331347	100

图 2-87　环肽的电喷雾电离质谱图（A）和 HPLC 图（B）

（A）

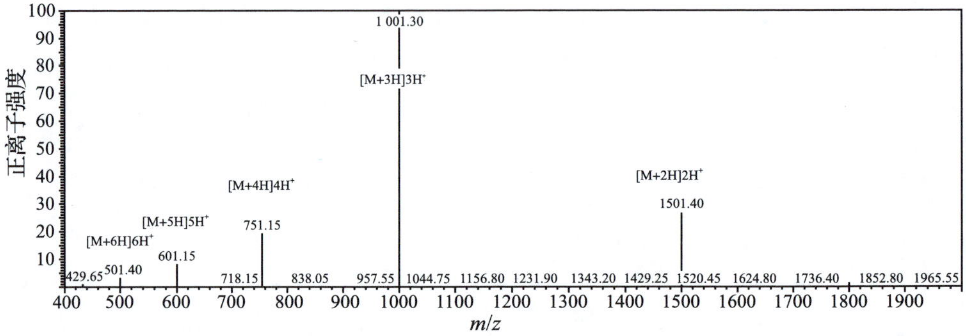

样本信息

溶解样品方法：15%ACN+85%H_2O
获取数据时间：2022/12/30 11:28:44
进样体积 ：0.2μL
模块温度 ：200
订单编号 ：GTA62067-4
名称 ：N/A
样品序列 ：CPPPPEK-$(RSERSERSE)_2$
批次号 ：GTA62067-4-1202
理论值 ：3001.14
观测值 ：3000.90

接口 ：ESI
雾化气体流量：1.50L/min
CDL 温度 ：250℃
CDL 电压 ：0V

前置偏压 ：+4.5kV
检测器电压 ：-0.2kV
总流量 ：0.2mL/min
岛津液相流动相 B：50%H_2O/50%MeOH

（B）

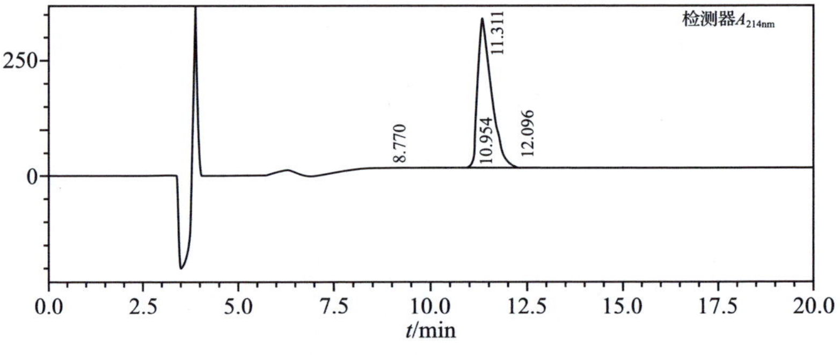

峰值表

检测器A_{214nm}

峰编号	保留时间	峰面积	峰高	面积比/%
1	8.770	11026	1577	0.139
2	10.954	68025	2069	0.856
3	11.311	7819636	322458	98.365
4	12.096	50934	5702	0.641
总计		7949622	331806	100

图 2-88 Y 形肽的电喷雾电离质谱图（A）和 HPLC 图（B）

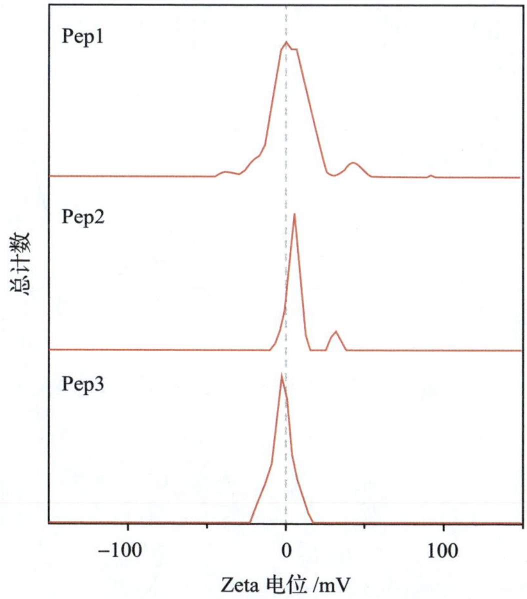

图 2−89　Pep1、Pep2 和 Pep3 的 Zeta 电位图

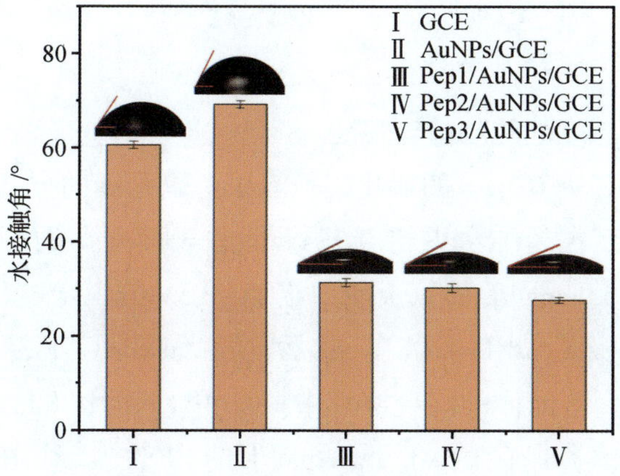

图 2−90　GCE、AuNPs/GCE、Pep1/AuNPs/GCE、Pep2/AuNPs/GCE 和 Pep3/AuNPs/GCE 的 WCA 图像

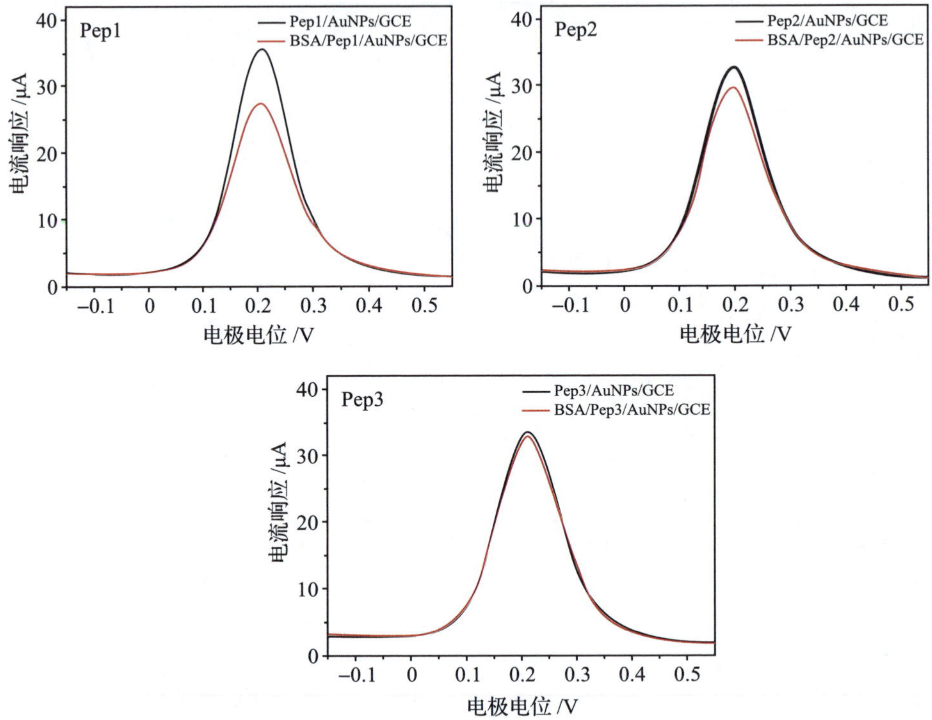

图 2-91　经 Pep1、Pep2、Pep3 修饰电极的 DPV 响应曲线

2.4.1.3　传感表面的制备与表征

将 GCE 在粒径为 0.3μm 的氧化铝粉溶浆上以画圈的方式进行打磨，除去表面的杂质。然后在超纯水中超声 10s，除去表面残留的氧化铝粉，得到光滑表面。通过在 5.0mmol/L 的氯金酸中施加 -0.5V 的恒定电位沉积 60s，得到 AuNPs 修饰的电极（AuNPs/GCE）。然后，将 AuNPs/GCE 浸泡在含有 0.3mg/mL 肽和 3.0μmol/L 适配体的混合溶液中，在 4℃下孵育 8h。在使用前，将构建好的适配体传感器保存在 4℃下 0.2mol/L 的 PBS 中。利用 DPV 和 EIS 对传感器的构建过程进行了表征。DPV 的振幅为 10mV，电位范围为 -0.2~0.6V，扫描速率为 100mV/s。EIS 在 100kHz 至 1Hz 的频率范围内记录，幅度设置为 10mV。将得到的 EIS 实验数据用 Randles 电路 $R_s(Q(R_{ct}Z_w))$ 进行拟合。其中 R_s 表示电解质电阻，Q 是电极与电解质之间电容的恒定相位角元件的等效元件，R_{ct} 为电荷转移电阻，Z_w 为 Warburg 电阻，代表浓度极化电阻。

如图 2-92 所示，当 AuNPs 修饰在 GCE 表面时，由于 AuNPs 具有优异的导电性，DPV 电流峰值从 99μA 显著增加到 127μA，R_{ct} 从 15.41Ω 降低到 5.06Ω。Y 形肽和适配体在 AuNPs/GCE 上自组装后，由于肽和适配体的导电性差，DPV 信号急剧下降至 31μA，R_{ct} 增加到 90.27Ω。进一步利用 SEM 对 AuNPs 修饰电极的表面形貌进行了表征。电沉积 AuNPs 后，可以清晰地观察到均匀的球形 AuNPs 层（图 2-93）。为了进一步证明该传感器的成功构建，修饰电极表面的元素变化也通过 XPS 进行了表征。如图 2-94 所示，修饰后的电极出现 Au_{4f} 表明 AuNPs 的成功沉积；400eV 时出现新的氮峰（N_{1s}），表明 Y 形肽和适配体成功修饰于电极表面。

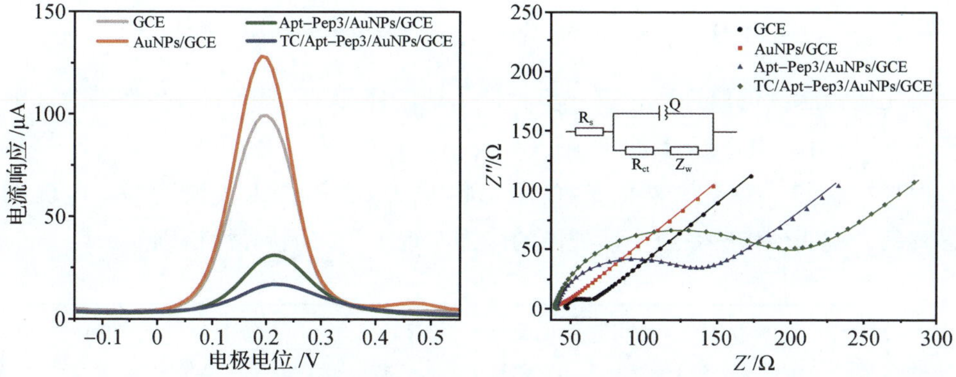

图 2-92 不同修饰电极在 $[Fe(CN)_6]^{3-/4-}$（5.0mmol/L，0.2mol/L KCl）中的 DPV（左）和 EIS（右）响应曲线

图 2-93 AuNPs 修饰电极的 SEM 图像

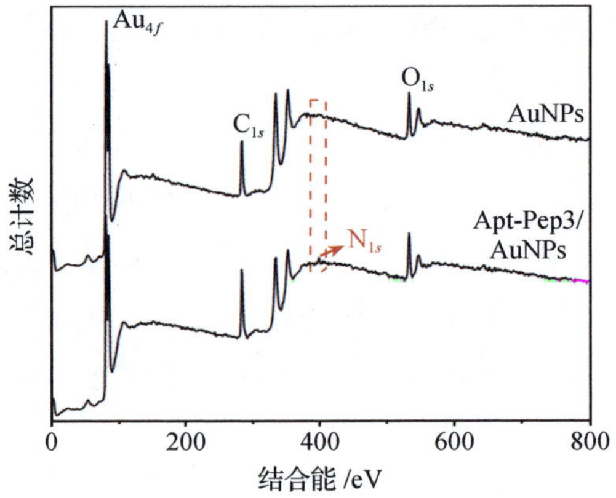

图 2-94　AuNPs 和 Apt-Pep3/AuNPs 修饰电极的 XPS 光谱

完成传感器的修饰后，进一步验证了适配体与 TC 之间的特异性结合。如图 2-95 所示，100ng/mL 的 TC 在 GCE、AuNPs/GCE 和 Pep3/AuNPs/GCE 中孵育时，电流没有变化。然而，TC 在 Apt-Pep3/AuNPs/GCE 上孵育后，电流明显降低，说明该传感系统中适配体的修饰实现了 TC 的特异性识别。

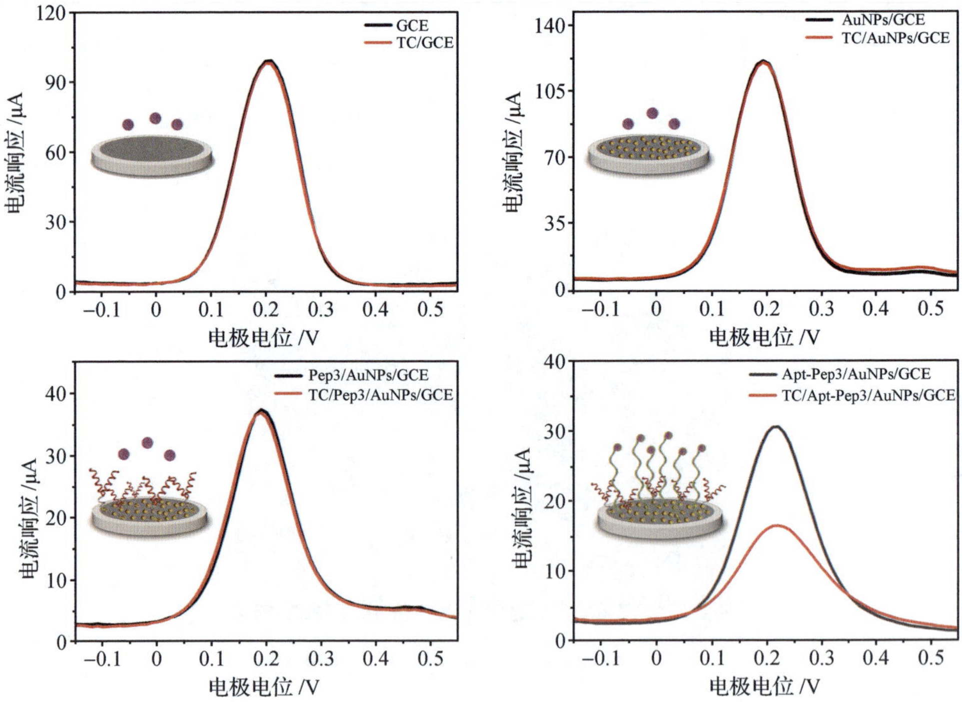

图 2-95　不同修饰电极在 100ng/mL 的 TC 溶液中浸泡后的 DPV 响应曲线

2.4.1.4 传感器抗污性能测试

为评价所构建传感器的抗污性能，本研究选用三种不同电荷的蛋白［BSA，pI=4.8，相对分子质量（M_W）=66.430；血红蛋白（Hb），pI=7.0，M_W=64.5；LYS，pI=10.8，M_W=14.4×10^3］来模拟基质中的污染物。记录三种修饰电极（GCE、AuNPs/GCE、Pep/AuNPs/GCE）在三种不同浓度的单一蛋白质溶液（1.0，2.0，5.0mg/mL）浸泡前后的DPV电流信号。通过计算DPV的信号变化，进一步探讨传感表面的抗污性能。

如图2-96所示，与AuNPs/GCE和GCE相比，Pep3/AuNPs/GCE在不同蛋白质溶液中孵育后的DPV的电流峰值变化甚微。为了更直观地显示这种差异，进一步计算了信号抑制率，如图2-97所示。在1.0mg/mL BSA中孵育后，GCE的信号抑制率为70.36%而Pep3/AuNPs/GCE的信号抑制率仅为3.50%。即使在相对高浓度（5.0mg/mL）的BSA下，Pep3/AuNPs/GCE的信号抑制率也仅为7.56%。此外，在5.0mg/mL的Hb和LYS中，Pep3/AuNPs/GCE的信号抑制率分别为9.76%和9.59%。结果表明，经Y形肽修饰的传感表面对三种不同相对分子质量和不同带电荷情况的蛋白质均表现出优异的抗污性能。这也意味着该抗污电化学适配体传感器在实际样品中具有很大的抗污潜力。

2.4.2 传感器性能评价及在牛乳中四环素检测的应用

2.4.2.1 四环素的定量分析

如图2-98所示，本研究进一步考察了Y形肽浓度、适配体浓度和TC孵育时间对最终TC识别效果的影响。确定了Y形肽的浓度、适配体的浓度和TC的孵育时间分别为0.3mg/mL、3μmol/L和60min。在优化后的实验条件下，研究了基于Y形肽的电化学适配体传感器对不同浓度TC的响应。如图2-99所示，在0.01~100ng/mL浓度范围内，电流信号随TC含量的增加而减小，并观察到ΔI与TC浓度的对数（lg c）之间有良好的线性关系。线性拟合函数为$\Delta I=I_0-I=2.90\lg c+8.91$，$R^2$为0.997（图2-100），并计算出检出限为5.3pg/mL（S/N=3）。

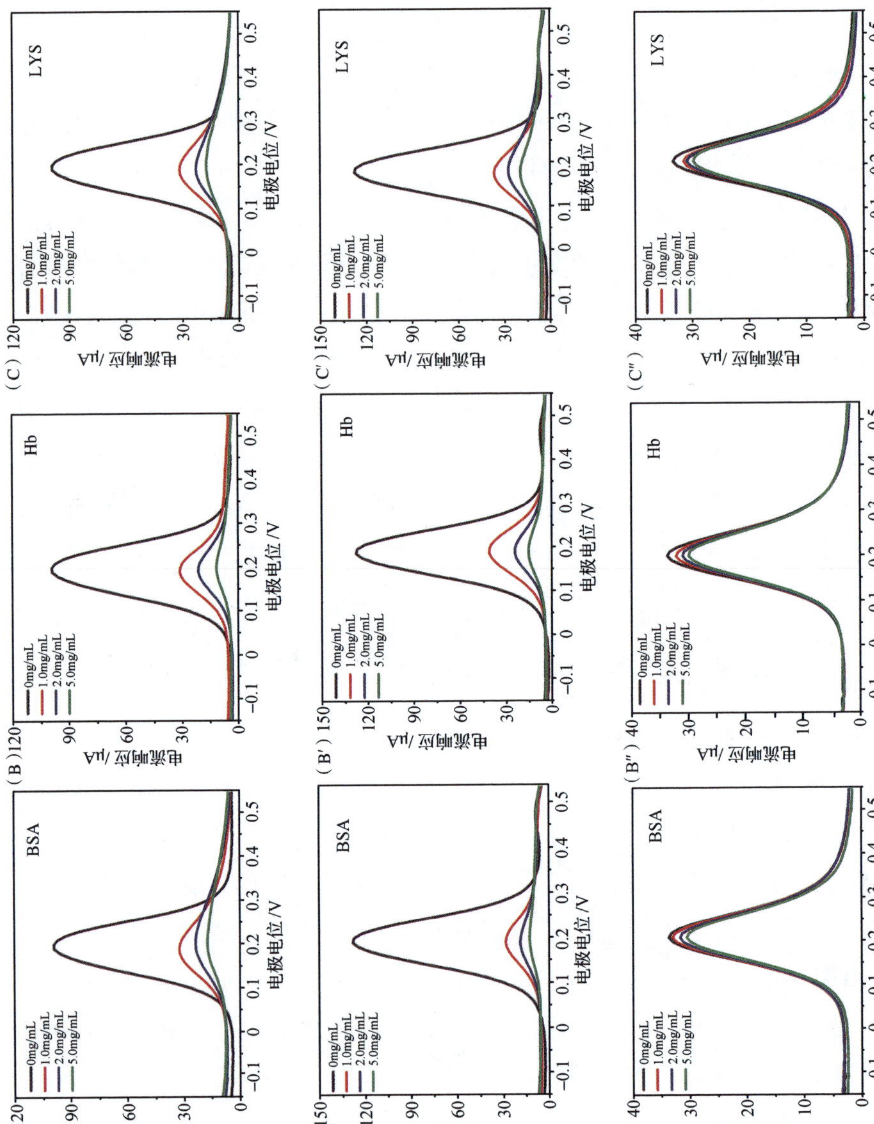

图 2-96 GCE（A~C）、AuNPs/GCE（A′~C′）和 Pep3/AuNPs/GCE（A″~C″）在不同浓度的 BSA、Hb 和 LYS 溶液中孵育后的 DPV 响应曲线

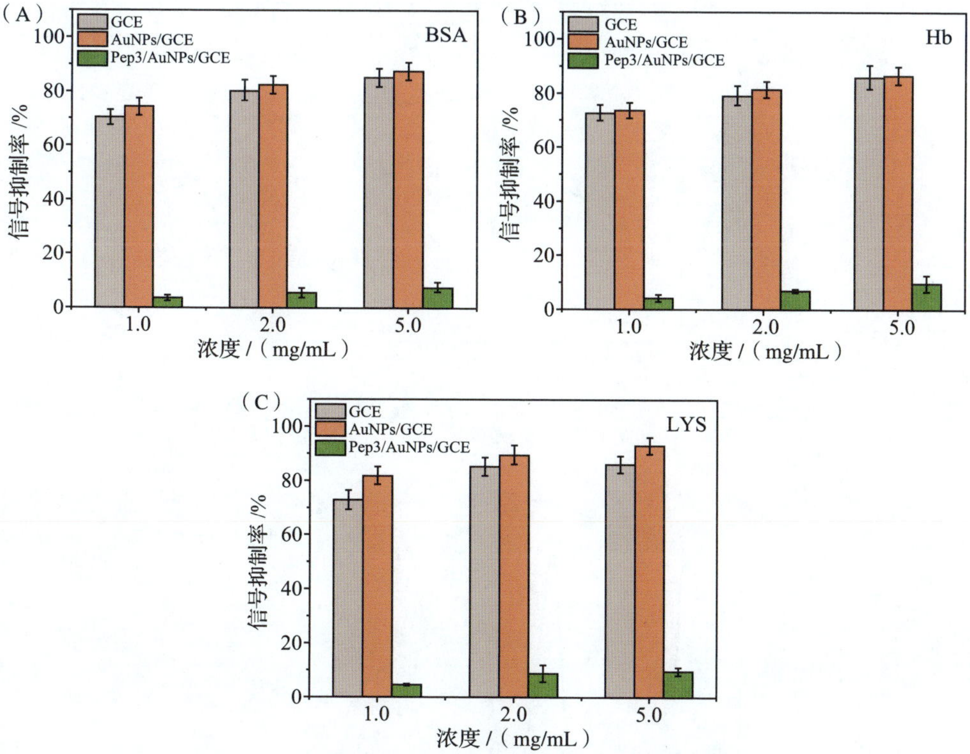

图 2-97　不同浓度蛋白质溶液孵育后不同电极的信号抑制情况

（误差条表示三个重复测定的标准偏差）

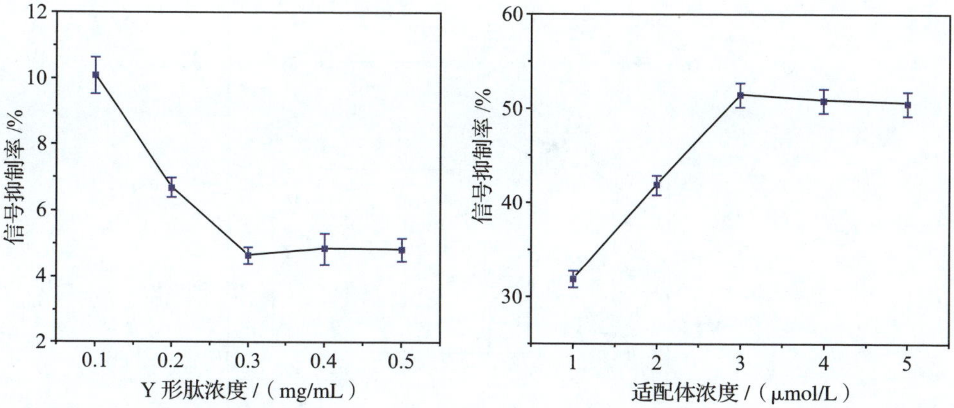

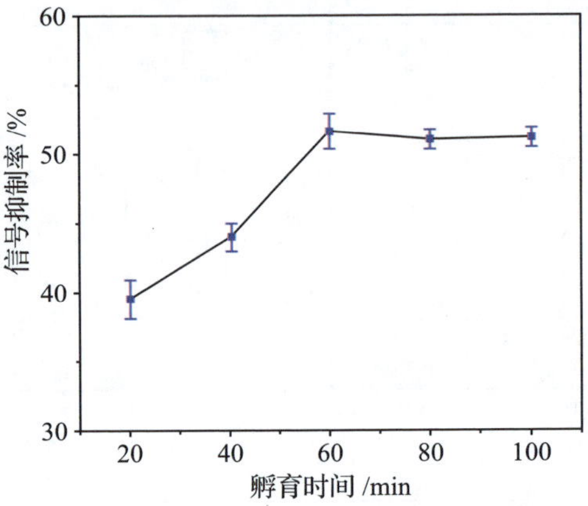

图 2-98　Y 形肽浓度、适配体浓度和 TC 孵育时间的优化

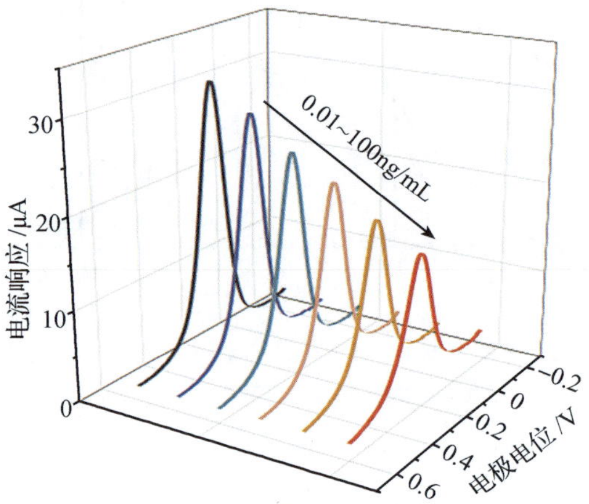

图 2-99　在不同浓度的 TC（0.01~100ng/mL）中孵育后抗污电化学传感器的 DPV 响应曲线

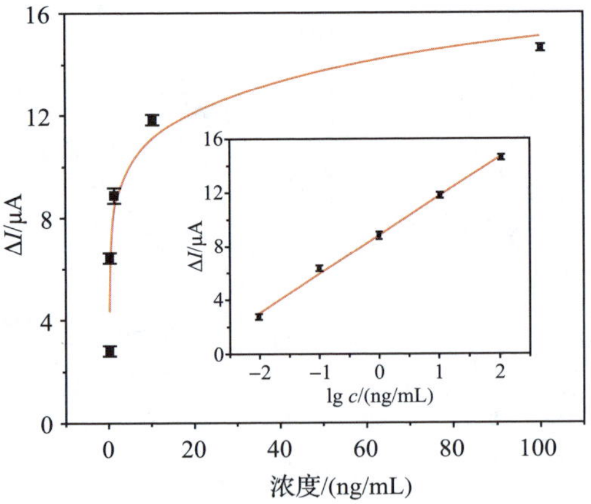

图 2-100　TC 浓度与电流变化的关系曲线
（插图：拟合的线性曲线）

2.4.2.2 特异性、稳定性和重复性测试

除了抵抗食品基质中其他成分的非特异性吸附外，当与其他类似结构的抗生素共存时，所构建的传感器能够准确识别出 TC 的能力也至关重要。本研究通过分别检测 100ng/mL 的 TC、同浓度的几种可能存在的抗生素（金霉素、强力霉素、土霉素）、同浓度的以上几种抗生素的混合溶液来评价该传感器的特异性。如图 2-101 所示，该适配体传感器仅对 TC 和含 TC 混合溶液敏感，并且经 TC 和 TC 混合溶液处理后的适配体传感器的电流变化显著且相似，表明该适配体传感器具有良好的特异性。优异的可重复性和稳定性意味着该传感器更有可能推广和商业化。为了验证所构建传感器的稳定性，分别制备了 7 个传感器用于检测 100ng/mL 的 TC。如图 2-102 所示，这 7 个传感器测试的一致性较高（RSD=1.10%），表明所构建的适配体传感器具有良好的重复性。此外，还进行了 7 次连续测试来评估其电化学稳定性（图 2-103）。较低的 RSD（1.92%）表明该传感器具有较强的电化学稳定性。本研究进一步对制备的适配体传感器进行了长期稳定性评价。将制备的传感器储存在 4℃的 0.2mol/L PBS 中，在相同条件下每三天进行一次 DPV 检测。结果表明，即使保存 12d，适配体传感器的电流响应均保持相对稳定，直到第 15d 时才显著下降，表明其传感器具有较好的长期保存稳定性。

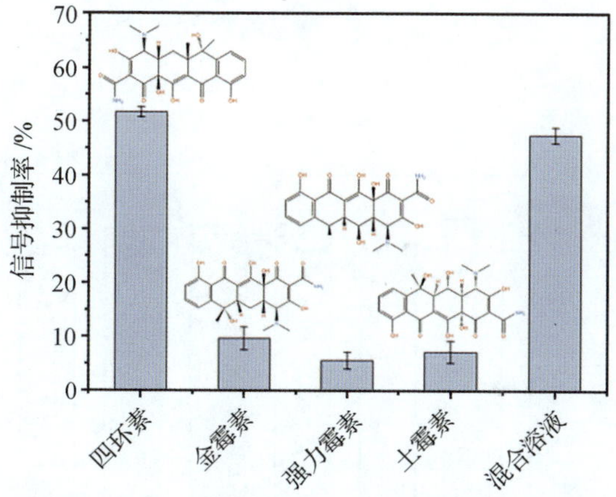

图 2-101　抗污电化学适配体传感器的特异性测试

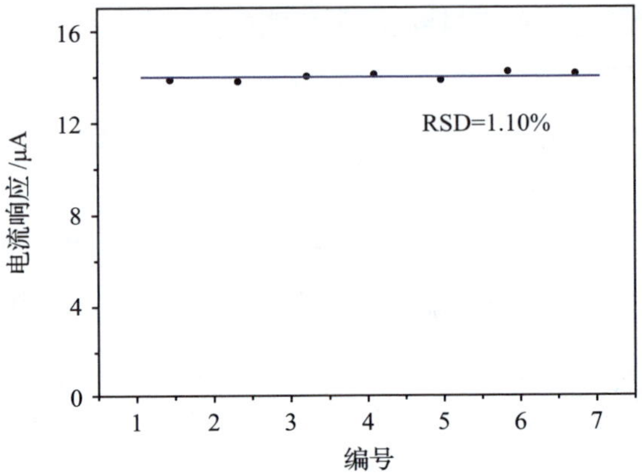

图 2-102　抗污电化学适配体传感器的重复性测试

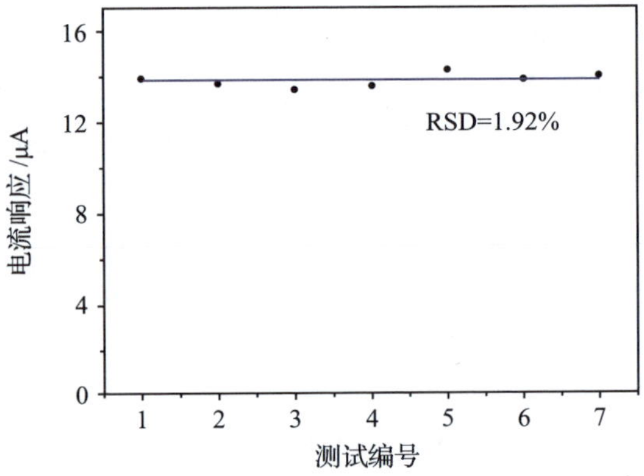

图 2-103　抗污电化学适配体传感器进行连续 7 次的 TC 稳定性检测

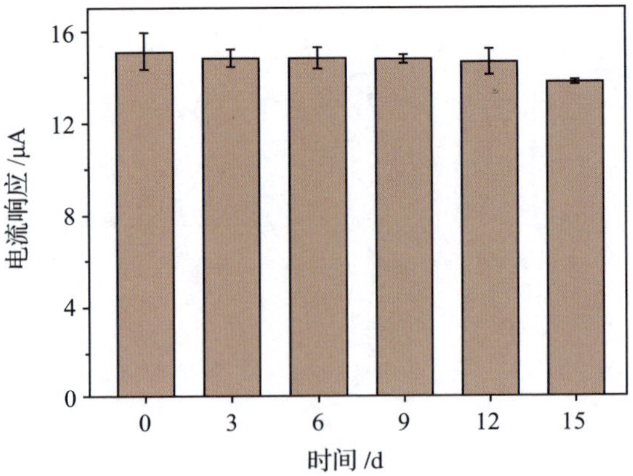

图 2-104　抗污电化学适配体传感器保存稳定性测试

2.4.2.3 实际样品分析

为了验证抗污电化学适配体传感器的准确性和实用性，本研究将三种浓度的TC（5.00，25.00，50.00 ng/mL）加入牛乳样品中，并使用HPLC和构建的抗污传感器对每份加标样品进行分析。由表2-4可知，对于以上加标实验，回收率为90.96%~95.86%（RSD<3.94%），与HPLC法的回收率（98.36%~103.13%，RSD<3.29%）基本一致。结果表明，所构建的传感器具有较好的检测精度，且该抗污传感器只需经过简单的稀释即可检测牛乳中的TC。与其他方法相比，可有效简化样品预处理，提高检测效率。

表2-4 抗污电化学适配体传感器和HPLC法在牛乳样品检测中的加标回收率

检测方法	序号	加标浓度/（ng/mL）	测量浓度/（ng/mL）	回收率（平均值±相对标准偏差，n=3）/%
抗污电化学适配传感器	1	5.00	4.79	95.86 ± 3.89
	2	25.00	23.35	93.40 ± 2.60
	3	50.00	45.48	90.96 ± 3.94
HPLC	1	5.00	25.78	103.13 ± 3.29
	2	25.00	124.25	99.40 ± 1.01
	3	50.00	245.87	98.36 ± 1.50

3

基于两性离子单体和聚合物的抗污电化学适配体传感器的构建及应用

3.1 基于仿生磷酸胆碱的抗污电化学适配体传感器的构建及应用

众所周知，构成细胞膜的主要成分是磷脂，其具有一个亲水的“头部”和一条疏水的“尾巴”。若以磷脂的结构为灵感设计一种仿生材料，其优异的生物相容性使其在植入型医疗器件、载药材料等研究领域具备无限的应用潜力[63]。MPC 具有与磷脂类似的分子结构，但很难固定在基底材料表面，由于具有碳碳双键，通常被用于合成两性离子聚合物，通过引入其他具有锚定功能的单体或使用具备锚定基团的 ATRP 引发剂，最终实现在基底表面的固定[64]。Chen 等利用开环反应合成 oligo（PC）-SH 的实验操作复杂、耗时耗力[65]。利用 MPC 与 1,6- 己二硫醇之间的迈克尔加成反应合成仿生两性离子单体是一种更好的选择，该反应操作简单，反应效率高，所得产物的化学结构如图 3-1 所示，亲水的两性离子基团和巯基分别赋予了 PC-SH 强大的抗污能力和在金表面固定的能力[66]。此外，采用电沉积的方法可在 GCE 表面形成均匀的 PEDOT 薄膜，PEDOT 具有优良的导电性，可作为导电基底，从而解决两性离子材料导电性差的问题[67-70]。AuNPs 不仅可以进一步放大电信号，还可以为 PC-SH 和含有巯基的 TC 适配体提供固定位点。

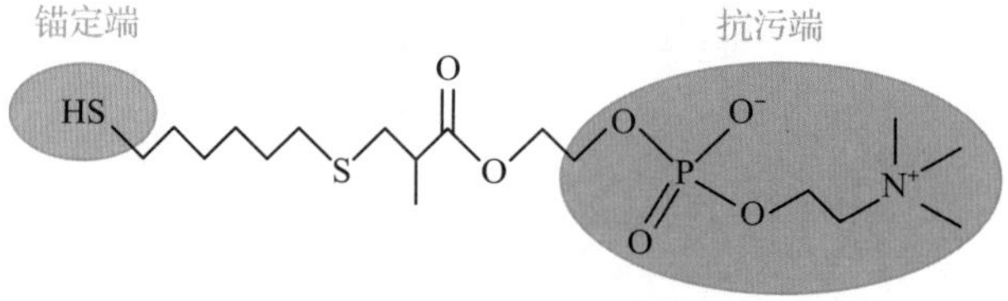

图 3-1　PC-SH 化学结构

本研究合成了 PC-SH 仿生两性离子单体，在 GCE 表面依次修饰 PEDOT 和 AuNPs，PSS 掺杂 PEDOT 的化学结构见图 3-2。PC-SH 和 TC 适配体可通过金硫键固定在电极表面，构建抗污电化学传感器（图 3-3）。基于 TC 被传感器捕获会引起电流信号的变化，建立了 TC 浓度与电流信号之间的线性关系，并评估了所构建抗污传感器的抗污性能以及传感分析的各项性能。

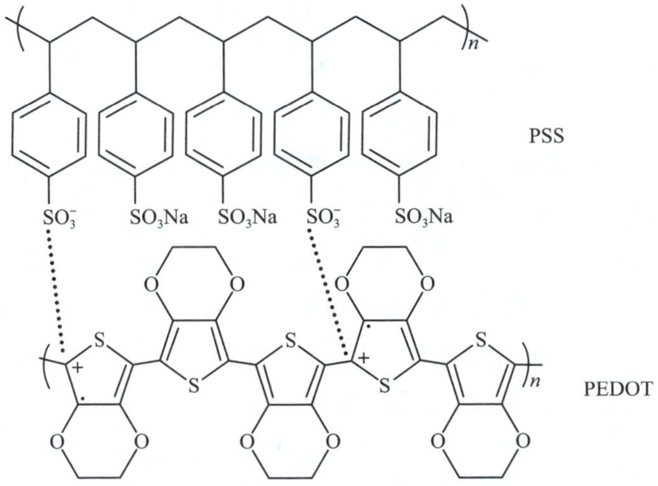

图 3-2 PSS 掺杂 PEDOT 的化学结构

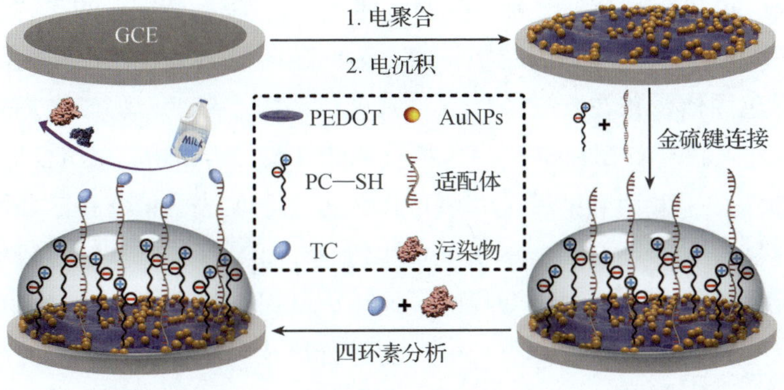

图 3-3 基于仿生磷酸胆碱两性离子单体的抗污电化学传感器的构建及检测四环素示意图

3.1.1 基于仿生磷酸胆碱的抗污电化学适配体传感器的构建

3.1.1.1 相关溶液的配制

（1）0.5mmol/L $HAuCl_4$ 溶液的配制　将 14.7mL 超纯水与 0.3mL $HAuCl_4$ 溶液（25mmol/L）于 25mL 烧杯中混合均匀，得到 0.5mmol/L $HAuCl_4$ 溶液。

（2）EDOT 分散液的配制　配制浓度为 2.0mg/mL 的 PSS 水溶液。然后，向 10mL 具塞试管中加入 5.0μL EDOT，再加入 5.0mL 预先配制的 PSS 水溶液，将塞子密封后置于涡旋振荡器上振荡，直至 EDOT 在水中分散为小液滴。将 EDOT 悬浮液置于超声机中进行超声处理，最终得到澄清透明的 EDOT 沉积液。

（3）Na_2EDTA-Mcllvaine 缓冲溶液（0.1mol/L）的配制　将 625.0mL 0.2mol/L 的 Na_2HPO_4 溶液与 1000.0mL 0.1mol/L 的柠檬酸溶液混合，并调节 pH 至 4.0，获得 Mcllvaine 缓冲溶液。随后使用所得的 1625.0mL Mcllvaine 缓冲溶液溶解 60.5000g $Na_2EDTA \cdot 2H_2O$ 固体，溶解后摇匀。

实验中所用的单一蛋白质溶液、TC 标准液、干扰物溶液、FITC-BSA 溶液以及稀释牛乳样品均使用 pH7.4 的 10.0mmol/L PBS 配制。

3.1.1.2　PC-SH 的合成与表征

本研究在先前报道的基础上改进了合成 PC-SH 方法，首先向 100mL 厚壁茄形瓶中加入 4.92g MPC（即 16.7mmol），随后加入 35.0mL 三氯甲烷，将 MPC 充分溶解，使用高纯氮气吹扫以去除其中的氧气。继续向瓶中加入 3.75g 1,6- 己二硫醇（即 25.0mmol），混合均匀后滴加 93.0μL 二异丙胺，并将瓶子密封。反应过程在室温下进行，持续搅拌 24.0h。将反应完毕的混合溶液滴加到丙酮中，反应产物可在丙酮中析出，为白色凝胶状固体。使用丙酮多次洗涤得到白色固体，并在真空条件下对其进行干燥。随后，将产物复溶在超纯水中，并将其冻干，最终获得白色固体粉末（即 PC-SH）。在此合成过程中，MPC 单体中的甲基丙烯酸甲酯基团可作为迈克尔加成受体，在二异丙胺的催化下很容易与 1,6- 己二硫醇的巯基发生迈克尔加成反应。反应过程中的二异丙胺以及过量的 1,6- 己二硫醇可通过使用丙酮对产物洗涤去除，MPC 几乎可以完全反应，因此无需对反应所得产物进行烦琐的纯化。冻干后的产物使用 10.0mmol/L pH7.4 的 PBS 配制成溶液备用。需注意，产物若以固体保存须充氮密封，并置于 -20℃环境中。

将适量反应产物溶于 D_2O 中，使用 ^1H 核磁共振（^1H Nuclear magnetic resonance，^1H NMR，400MHz）和 ^{13}C 核磁共振（^{13}C Nuclear magnetic resonance，^{13}C NMR，101MHz）对反应产物的化学结构进行了分析，内标物选择 TMS。^1H NMR 谱图如图 3-4 所示，红色方框中为对各个峰积分的结果，其中化学位移（δ）为 4.79ppm 的单峰是由溶剂 D_2O 造成的。单重峰、多重峰以及双二重峰分别记为 s、m 和 dd 峰，谱图中其余的质子峰的化学位移分别为 4.28~4.37（m）、4.10~4.16（m）、3.67~3.72（m）、3.25（s）、2.54~2.85（m，m）、1.34~1.72（m）和 1.28（dd）ppm。其中，位于 3.25ppm 处的 s 峰归属于 MPC 中的季铵基团［$—N(CH_3)_3^+$，9H］，1.34~1.72ppm 处的 m 峰归属于 1,6- 己二硫

醇分子中的重复的亚甲基（—CH_2—，8H）结构。其余质子峰的归属情况如下：4.28~4.37［—（C═O）$CH_2CH_2OPOCH_2$—，4H］，4.10~4.16［—（C═O）CH_2CH_2OPO—，2H］，3.67~3.72（—N^+CH_2—，2H），2.54~2.85［—SCH_2—，6H；—CH_3CH（C═O—）CH_2—，1H］，1.28（dd，—CH_3，3H）。以上结果证实了 PC-SH 合成成功。此外，^{13}C NMR 谱图（图 3-5）中化学位移依次为 177.45、65.91、64.33、63.66、59.35、53.90、40.11、34.45、33.29、31.77、28.91、28.64、27.38、23.95 和 16.26ppm，PC-SH 分子中每个 C 原子对应的峰位置已在谱图中标出，^{13}C NMR 结果也验证了 PC-SH 的化学结构。

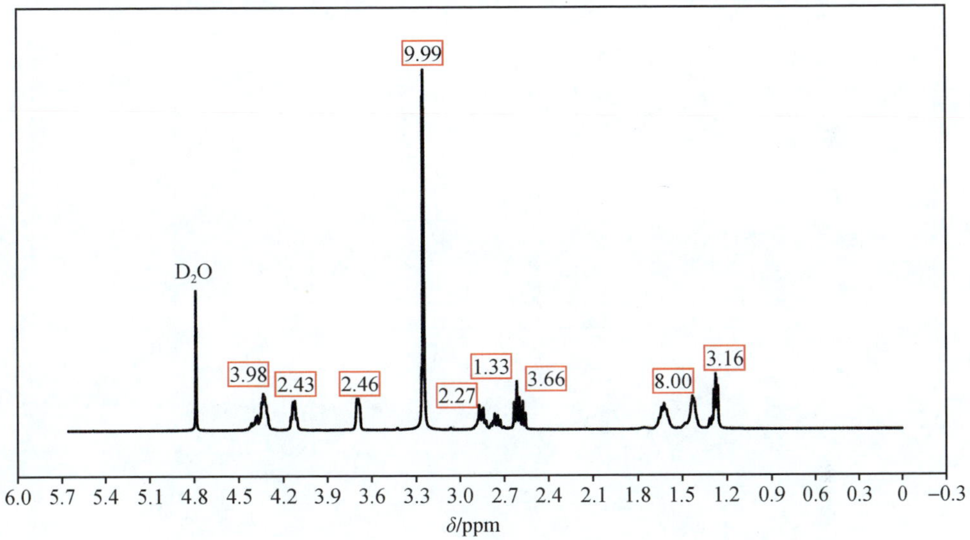

图 3-4　MPC 与 1,6- 己二硫醇反应产物的 ^1H NMR 谱图

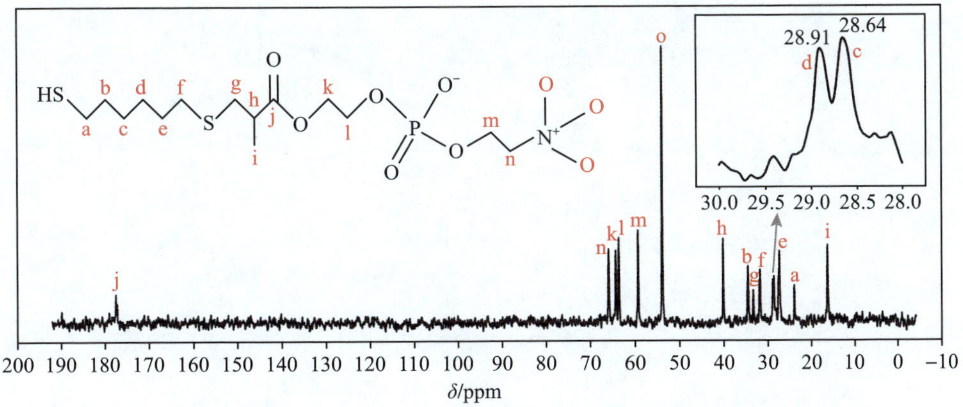

图 3-5　MPC 与 1,6- 己二硫醇反应产物的 ^{13}C NMR 谱图

高分辨质谱图中的分子离子峰可以更加准确地判断反应产物的分子结构。如图 3-6 所示，三个分子离子峰的 *m/z* 分别为 446.1793、741.2975 和 891.3511，分别对应 PC-SH、副产物和 PC-SH 二聚体（三种产物的分子结构见图 3-7），以上结果与之前的报道一致。其中 PC-SH 和 PC-SH 二聚体可以在金修饰的 GCE 表面形成抗污层，从质谱峰强度的角度来看，这两种分子为反应产物的主要组成部分。而 *m/z* 为 741.2975 的副产物在反应产物中占比较小，且其分子结构中不含有巯基，因此对后续抗污传感表面的构建无影响。

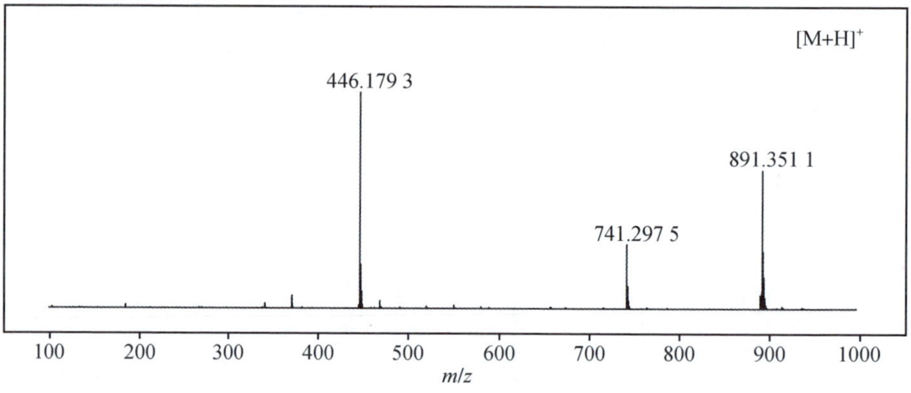

图 3-6　MPC 与 1,6- 己二硫醇反应产物的 HR-MS 谱图

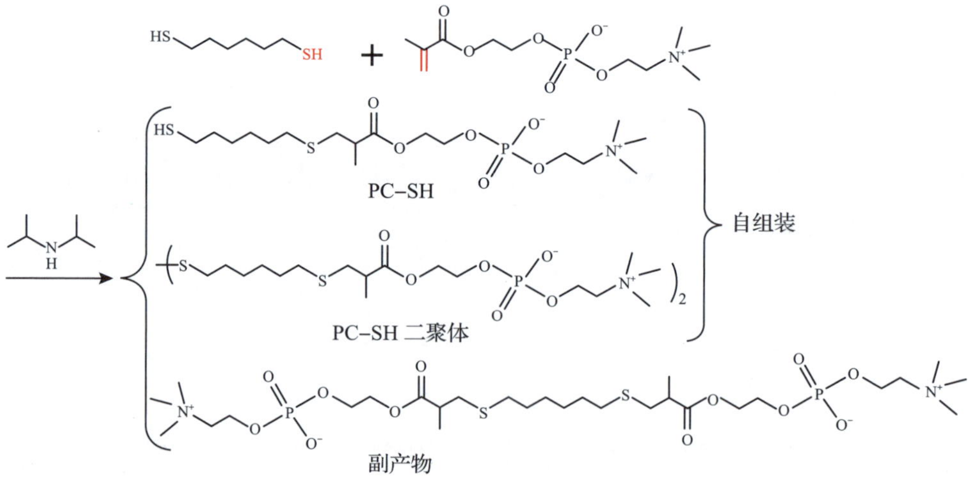

图 3-7　MPC 与 1,6- 己二硫醇反应方程式

使用傅里叶变换红外光谱（FTIR）进一步表征反应产物的特征官能团，由于所得产物在空气中便可吸收水分变为凝胶状，故使用傅里叶变换衰减全反射红外光谱（ATR-FTIR）进行测试，且测试过程在真空环境中进行。反应产物的 FTIR 谱图如图 3-8 所示，在 1729cm^{-1} 和 1163cm^{-1} 出现的特征峰分别是由 C＝O 和 P＝O 引起的，而位于 955cm^{-1} 的吸收峰为 $N(CH_3)_3^+$ 的特征峰。在 710~940cm^{-1} 波数范围内的一系列吸收峰可归属于 C—S 的伸缩运动以及 C—H 的弯曲振动。位于 2928cm^{-1} 的强峰是由亚甲基结构中 C—H 的不对称伸缩造成的，其余红外吸收峰的归属如下：1055、1197cm^{-1} 归属于—$OPOCH_2$—，1254cm^{-1} 归属于—$POCH_2$—。

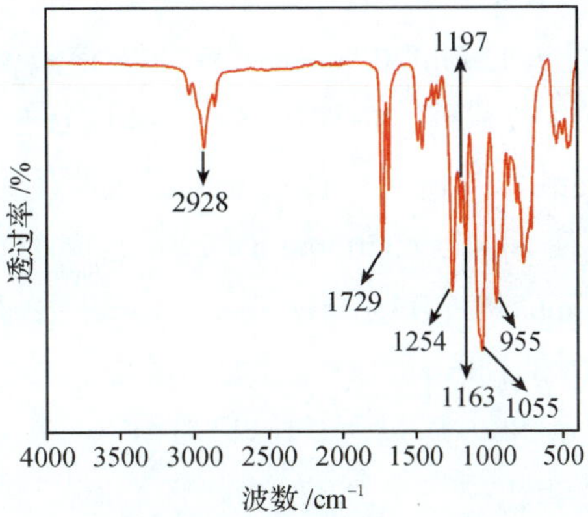

图 3-8　MPC 与 1,6- 己二硫醇反应产物的 FTIR 谱图

采用 Zeta 电位仪研究了反应产物的带电情况，测试时 PC-SH 浓度为 0.02mg/mL。如图 3-9 所示，PC-SH 的 Zeta 电位接近于 0mV，基本呈现电中

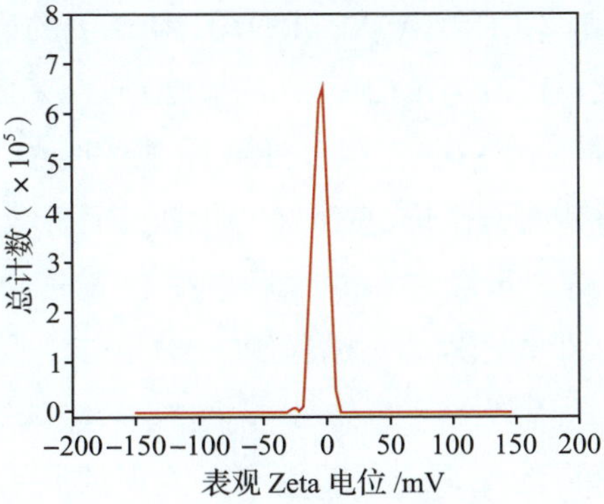

图 3-9　PC-SH 的 Zeta 电位图

性。以上表征结果均证明 PC–SH 成功合成，可用于抗污传感表面的构建。

3.1.1.3 传感器的构建及表征

本实验中所有电化学实验在 CHI 440C 电化学工作站上完成，氧化还原探针溶液为 5.0mmol/L $[Fe(CN)_6]^{3-/4-}$。传感器构建过程如图 3–1 所示，首先，依次使用颗粒直径为 0.3μm 和 0.05μm 的氧化铝浆对 GCE 进行抛光打磨，并依次使用超纯水、无水乙醇、超纯水对打磨后的 GCE 超声清洗，得到光滑的电极表面。随后将处理干净的 GCE 浸入 5.0mL EDOT 分散液中，使用 EDOT 分散液前，应使用氮气吹扫以除去其中的氧气。采用计时电流法在 GCE 的表面电聚合 PEDOT，施加 1.0V 的电压持续 30s，然后使用超纯水仔细冲洗，获得 PEDOT 修饰的 GCE（PEDOT/GCE）。

将 PEDOT/GCE 置于 15.0mL 0.5mmol/L $HAuCl_4$ 溶液中，采用 CV 方法在其表面电沉积 AuNPs，电位范围、扫描速率及扫描圈数分别设置为 –1.5~0.5V、50.0mV 和 5 圈。经超纯水冲洗后，使用高纯氮气吹干，获得 AuNPs/PEDOT/GCE。TC 适配体在使用前经 3500r/min（2min）离心处理，向管中加入 730.0μL 的 PBS（10.0mmol/L pH7.4）配制的 PC–SH 溶液（1.0mg/mL），即可得到 1.0mg/mL PC–SH 和 1.0μmol/L TC 适配体的混合溶液。为了将可能存在的二硫键还原，混合溶液中还包含 0.1mol/L TCEP。将 AuNPs/PEDOT/GCE 置于 200.0μL 上述混合溶液中，于 4℃环境中孵育 12.0h，获得抗污传感器（Apt–PC/AuNPs/PEDOT/GCE），在此过程中 PC–SH 和含巯基的 TC 适配体可通过金硫键固定在 AuNPs/PEDOT/GCE 表面。PC/AuNPs/PEDOT/GCE 也根据上述过程构建，孵育溶液为 1.0mg/mL PC–SH 溶液。

（1）表面形貌及化学组成表征　本研究采用 SEM 对传感器构建过程中不同电极（GCE、PEDOT/GCE 及 AuNPs/PEDOT/GCE）的表面形貌进行了表征。不同修饰电极表面（PEDOT/GCE、AuNPs/PEDOT/GCE 及 PC/AuNPs/PEDOT/GCE）的元素分布情况由 EDS 表征。SEM 图像（图 3–10）显示，打磨后的 GCE 表面为光滑平整表面，修饰 PEDOT 后电极表面形貌变得粗糙，出现了结节状颗粒聚集体。在进一步修饰 AuNPs 后，在 PEDOT 基底上可观察到大量分布均匀的球状颗粒，即 AuNPs，为后续 PC–SH 和 TC 适配体的固定提供了足够多的位点。

通过 EDS 面扫获得的元素分布图像可以直观的展示各种修饰材料在电极表面分布是否均匀。如图 3–11 所示，PEDOT/GCE 表面 S 元素分布密集且均

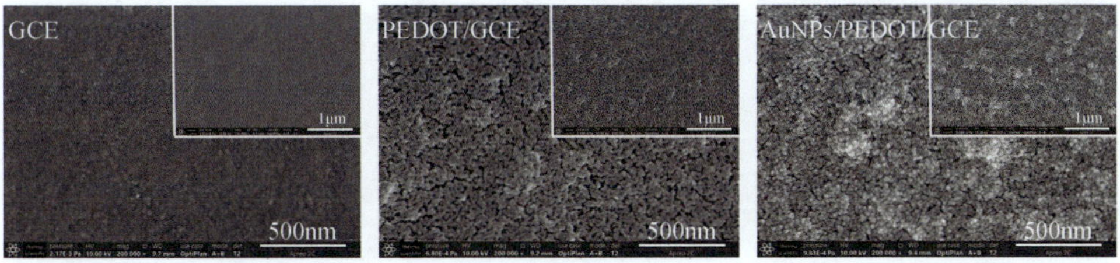

图 3-10　GCE、PEDOT/GCE 和 AuNPs/PEDOT/GCE 的 SEM 图像

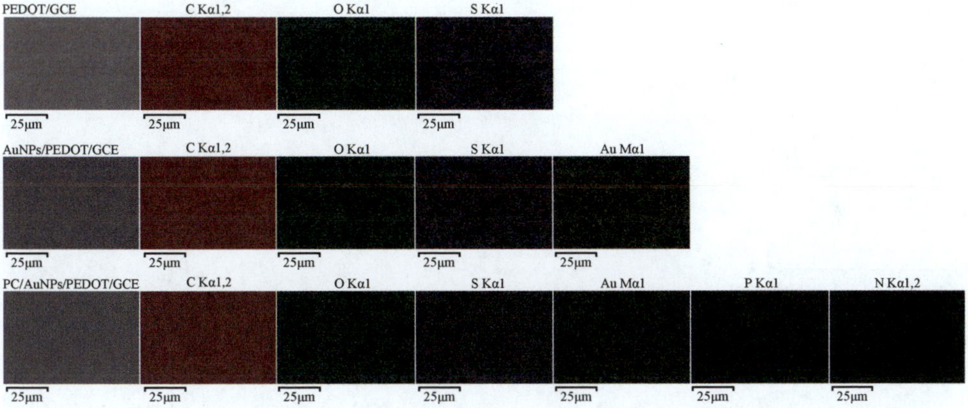

图 3-11　PEDOT/GCE、AuNPs/PEDOT/GCE 和 PC/AuNPs/PEDOT/GCE 表面的元素分布图像

匀，S 元素为 PEDOT 的特征元素，间接证明 PEDOT 在 GCE 表面分布均匀。同理，Au 元素可代表 AuNPs，EDS 面扫结果与 SEM 图像观察到的一致，证明了 AuNPs 分布均匀。N、P 作为 PC-SH 特有的元素，它们的出现即代表 PC-SH 的成功修饰。

如图 3-12 所示，通过 XPS 测定不同修饰电极表面（PEDOT/ITO、AuNPs/PEDOT/ITO 及 PC/AuNPs/PEDOT/ITO）的元素组成，通过扫描不同元素轨道的高分辨 XPS 谱图，并使用 XPSPEAK 软件对谱峰进行拟合，对各种元素所处的化学环境进行了分析。为便于实验操作，XPS 测试使用氧化铟锡（ITO）电极代替 GCE。样品在真空（$p<10^{-8}$ mbar）条件下进行分析，通过能分别为 150eV（全谱）和 50eV（高分辨谱）。高分辨 XPS 测试的元素及轨道如下：C_{1s}、N_{1s}、S_{2p}、P_{2p} 和 Au_{4f}。其谱图中仍未观察到 P_{2p} 信号，表明其表面不存在 P。但在 Au_{4f} 的高分辨谱图中观察到了两个明显的强峰，分别为 $Au_{4f\,7/2}$ 和 $Au_{4f\,5/2}$，证明了 Au^0（即 AuNPs）的存在。AuNPs/PEDOT/ITO 的 C_{1s}、S_{2p} 高分辨

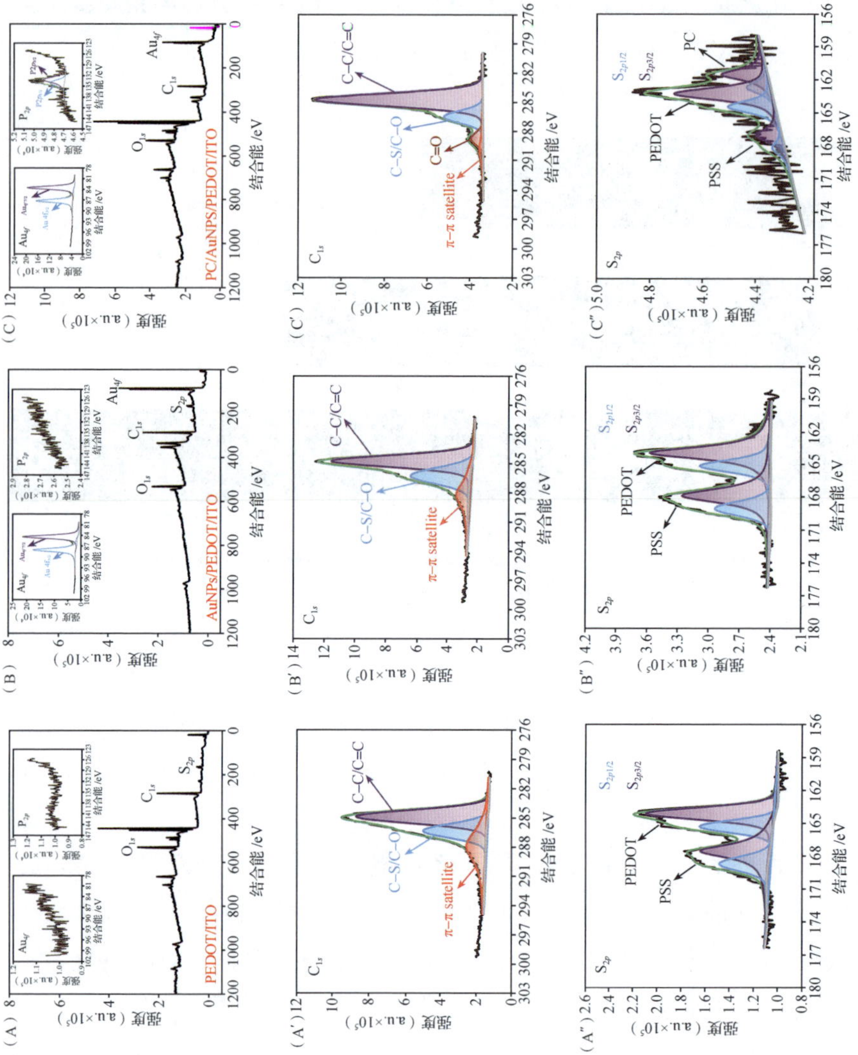

图 3–12 PEDOT/ITO、AuNPs/PEDOT/ITO 和 PC/AuNPs/PEDOT/ITO 的 XPS 谱图（A~C）、C_{1s} 高分辨 XPS 谱图（A'~C'）和 S_{2p} 高分辨 XPS 谱图（A"~C"）

（插图为 Au_{4f} 和 P_{2p} 的高分辨 XPS 谱图）

谱图中峰的位置和归属与 PEDOT/ITO 基本一致。以上结果表明 AuNPs 成功沉积在电极表面。

如图 3-12（C）所示，其 Au_{4f} 的谱峰与 AuNPs/PEDOT/ITO 无差，并检测到了 P_{2p} 信号（位于 133.2eV 的 $P_{2p3/2}$ 和 134.0eV 的 $P_{2p1/2}$），这归属于 PC-SH 分子中的磷酸基团。PC/AuNPs/PEDOT/ITO 的 C_{1s} 高分辨谱图区别于 PEDOT/ITO 和 AuNPs/PEDOT/ITO，在 288.8eV 出现了一个新峰，这是由 C ═ O 造成的，而 C ═ O 是 PC-SH 分子特有的官能团。其 π-π satellite 的强度也明显下降，这是因为 PC-SH 无共轭结构，而它的修饰掩盖了 π-π satellite 的信号。此外，除了与 PEDOT/ITO 和 AuNPs/PEDOT/ITO 同样的两组 S_{2p} 自旋轨道分裂峰外，其 S_{2p} 高分辨谱图出现了一组新的 S_{2p} 自旋轨道分裂峰（161.5eV 为 $S_{2p3/2}$，162.3eV 为 $S_{2p1/2}$），来自 PC-SH 分子。以上结果证明了 PC-SH 的修饰成功。

图 3-13 为 PEDOT/ITO、AuNPs/PEDOT/ITO 和 PC/AuNPs/PEDOT/ITO 的 N_{1s} 高分辨 XPS 谱图，—$N(CH_3)_3^+$ 作为 PC-SH 分子特有的结构，其峰位置较特殊（402.5eV），PC/AuNPs/PEDOT/ITO 的 N_{1s} 谱图明显区别于 PEDOT/ITO 和 AuNPs/PEDOT/ITO，具有明显的—$N(CH_3)_3^+$ 特征峰。N_{1s} 高分辨 XPS 谱图进一步证明了 PC-SH 的成功修饰。

综合上述 SEM、EDS 以及 XPS 结果，PC/AuNPs/PEDOT/GCE 已成功制备。

（2）亲水性测试　本实验使用 WCA 测量仪测定了不同修饰电极（GCE、AuNPs/PEDOT/GCE 和 PC/AuNPs/PEDOT/GCE）表面的 WCA，如图 3-14 所示，未经修饰的 GCE 表面的 WCA 为 56.4°±0.6°，修饰 AuNPs 后，电极表面的 WCA 略有增大（63.4°±0.6°），说明 AuNPs 的修饰使电极表面更加疏水。PC-SH 修饰到电极表面后，电极表面的 WCA 明显下降，为 24.3°±0.7°，这是由于 PC-SH 分子中的两性离子基团可以通过离子的溶剂化结合水分子，具有超强的亲水性。亲水性测试进一步证明了 PC/AuNPs/PEDOT/GCE 构建成功，且 PC-SH 可以有效改善电极表面的亲水性，证明了 PC-SH 在抗污传感表面构建方面的应用潜力。

（3）电化学表征及目标物识别可行性测试　由于各种修饰材料的导电性不同，故可通过记录构建过程中每一步的 DPV 信号来表征传感器是否构建成功。DPV 测试中电位范围、电位增量、振幅和脉冲周期分别为 -0.2~0.6V、4.0mV、50.0mV 和 0.5s。此外，为了验证所构建传感器对 TC 的识别能力，将不同修饰电极（GCE、AuNPs/PEDOT/GCE、PC/AuNPs/PEDOT/GCE 和 Apt-PC/AuNPs/

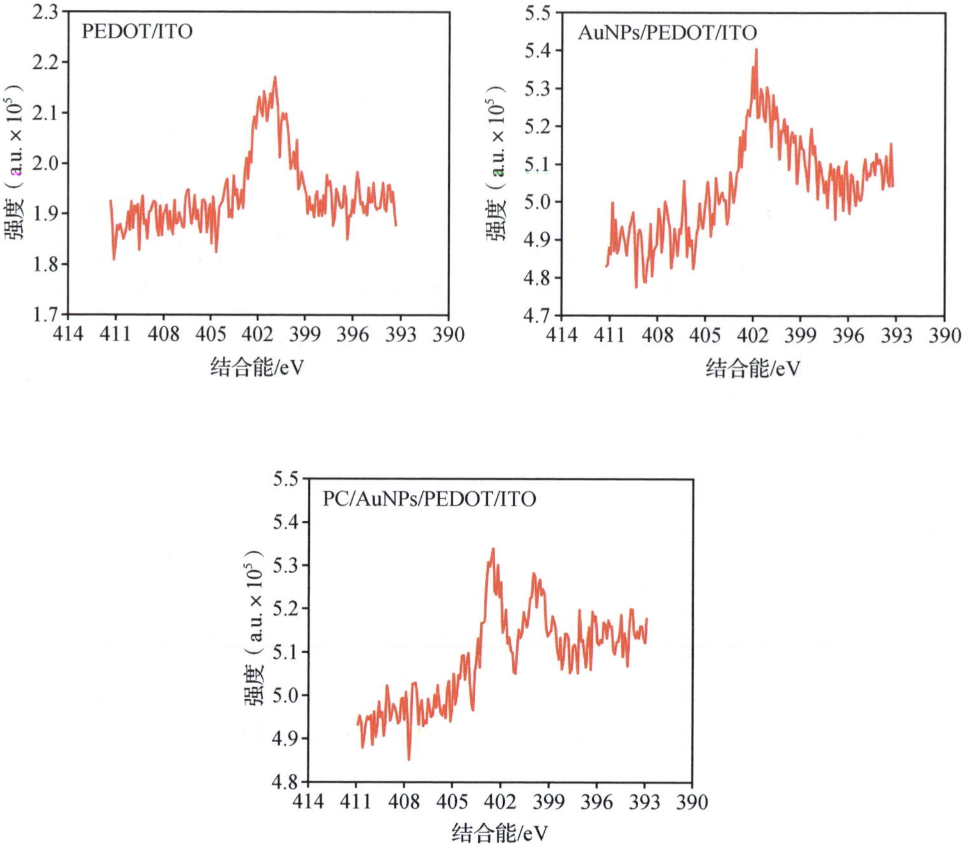

图 3-13　PEDOT/ITO、AuNPs/PEDOT/ITO 和 PC/AuNPs/PEDOT/ITO 的 N_{1s} 高分辨 XPS 谱图

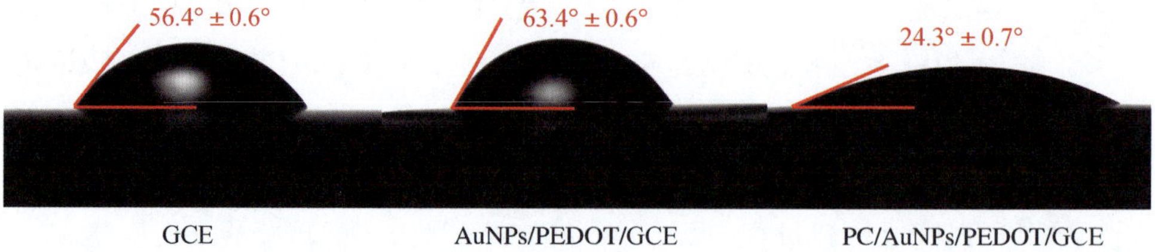

图 3-14　GCE、AuNPs/PEDOT/GCE 和 PC/AuNPs/PEDOT/GCE 的水接触角

PEDOT/GCE）置于 100.0ng/mL TC 溶液中孵育 45min，记录孵育前（I_0）后（I）的 DPV 电流信号并计算 $-\Delta I(-\Delta I=I_0-I)$。

如图 3-15 所示，GCE 在含有 0.2 mol/L KCl 的 5.0mmol/L $[Fe(CN)_6]^{3-/4-}$ 溶液中的 DPV 电流信号为 317.4μA，电沉积 PEDOT 后，DPV 电流明显增大，为 379.0μA。这是由于 PEDOT 的修饰增大了 GCE 的比表面积，并加快了电子转移速率。在修饰 AuNPs 后，DPV 电流进一步增大（395.0μA），是由于 AuNPs 良好的导电性。而在 PC-SH 和 TC 适配体固定在电极表面后，DPV 信号明显下降至 338.9μA。这是由于 PC-SH 和 TC 适配体较差的导电性，阻碍了电极表面的电子转移。捕获 TC 分子后，DPV 信号再次减小，一是由于 TC 分子本身导电性差，另一方面是由于适配体与 TC 结合后构象会发生变化，其在电极表面堆积得更加紧密，这两个原因均会阻碍电极表面的电子转移。DPV 电流信号的变化证明了 Apt-PC/AuNPs/PEDOT/GCE 构建成功，并且 Apt/PDA-PSBMA/GCE 能够有效识别 TC 分子。此外，如图 3-16 所示，不同修饰电极（GCE、AuNPs/PEDOT/GCE、PC/AuNPs/PEDOT/GCE 和 Apt-PC/AuNPs/PEDOT/GCE）在 100.0ng/mL TC 溶液中孵育 45min 后，$-\Delta I$ 分别为 1.5、1.8、0.4 和 37.3μA，对照组对于 TC 的信号响应几乎可以忽略，证明了所构建传感器的识别能力归功于 TC 适配体。

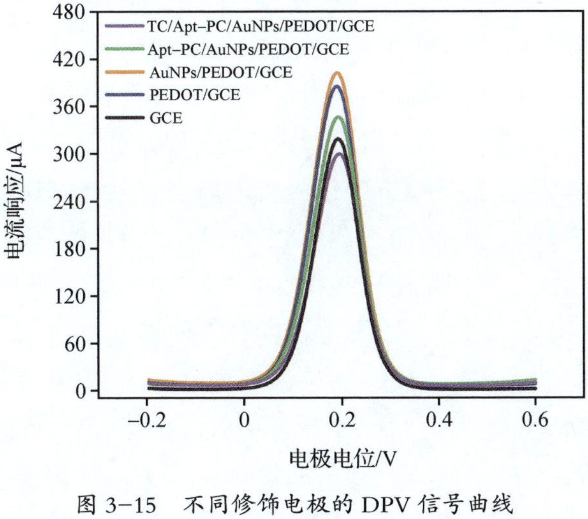

图 3-15 不同修饰电极的 DPV 信号曲线

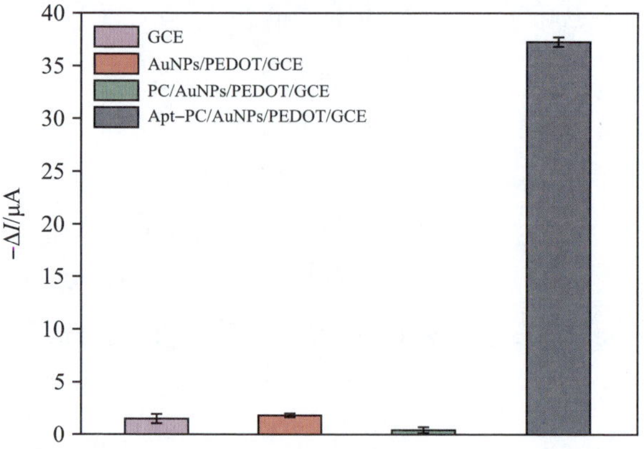

图 3-16　不同修饰电极置于 100.0ng/mL TC 溶液中孵育 45min 后 DPV 信号变化

3.1.1.4　传感器抗污性能评价

将 GCE、AuNPs/PEDOT/GCE、PC/AuNPs/PEDOT/GCE 置于浓度为 1.0，5.0，10.0mg/mL 的三种单一蛋白质（BSA、LYS 和 Hb）溶液中孵育 30min，然后，使用超纯水冲洗以去除黏附不牢固的蛋白质。记录孵育前（I_0）后（I）的 DPV 电流信号，并计算 DPV 信号抑制率，以评估不同修饰电极在蛋白质溶液中的抗污能力。如图 3-17（A~C）所示，GCE 于不同浓度各种蛋白质溶液中孵育后，DPV 信号强度发生了极大的下降，10.0mg/mL BSA、LYS 和 Hb 的信号抑制率分别为 71.7%、54.1% 和 90.2%［图 3-17（A‴~C‴）］，表明三种蛋白质均在 GCE 表面造成了很大程度的黏附，GCE 抗污效果极差。图 3-17（A′~C′）表明三种蛋白质也对 AuNPs/PEDOT/GCE 的 DPV 电流信号造成了明显的影响，10.0mg/mL BSA、LYS 和 Hb 的信号抑制率分别为 16.5%、29.0% 和 43.4%［图 3-17（A‴~C‴）］。实验证明 AuNPs/PEDOT/GCE 的抗污效果无法达到抗污传感表面的标准。此外，AuNPs/PEDOT/GCE 对 BSA 的抗污效果略优于其他两种蛋白质，这可能是因为掺杂剂 PSS 的存在使得 PEDOT 修饰电极表面带负电，且此前也有研究表明 AuNPs 的修饰会使 PEDOT/GCE 所带负电荷的量增加，因而 AuNPs/PEDOT/GCE 对同样带负电荷的 BSA 有静电排斥作用。

如图 3-17（A″~C″）所示，与前两者相比，无论何种浓度的何种蛋白对 PC/AuNPs/PEDOT/GCE 影响均非常微小，几乎可忽略，10.0mg/mL BSA、LYS 和 Hb 的信号抑制率分别为 3.7%、4.5% 和 7.2%［图 3-17（A‴~C‴）］。与 AuNPs/PEDOT/GCE 相比，PC/AuNPs/PEDOT/GCE 对于三种电性的单一蛋白质

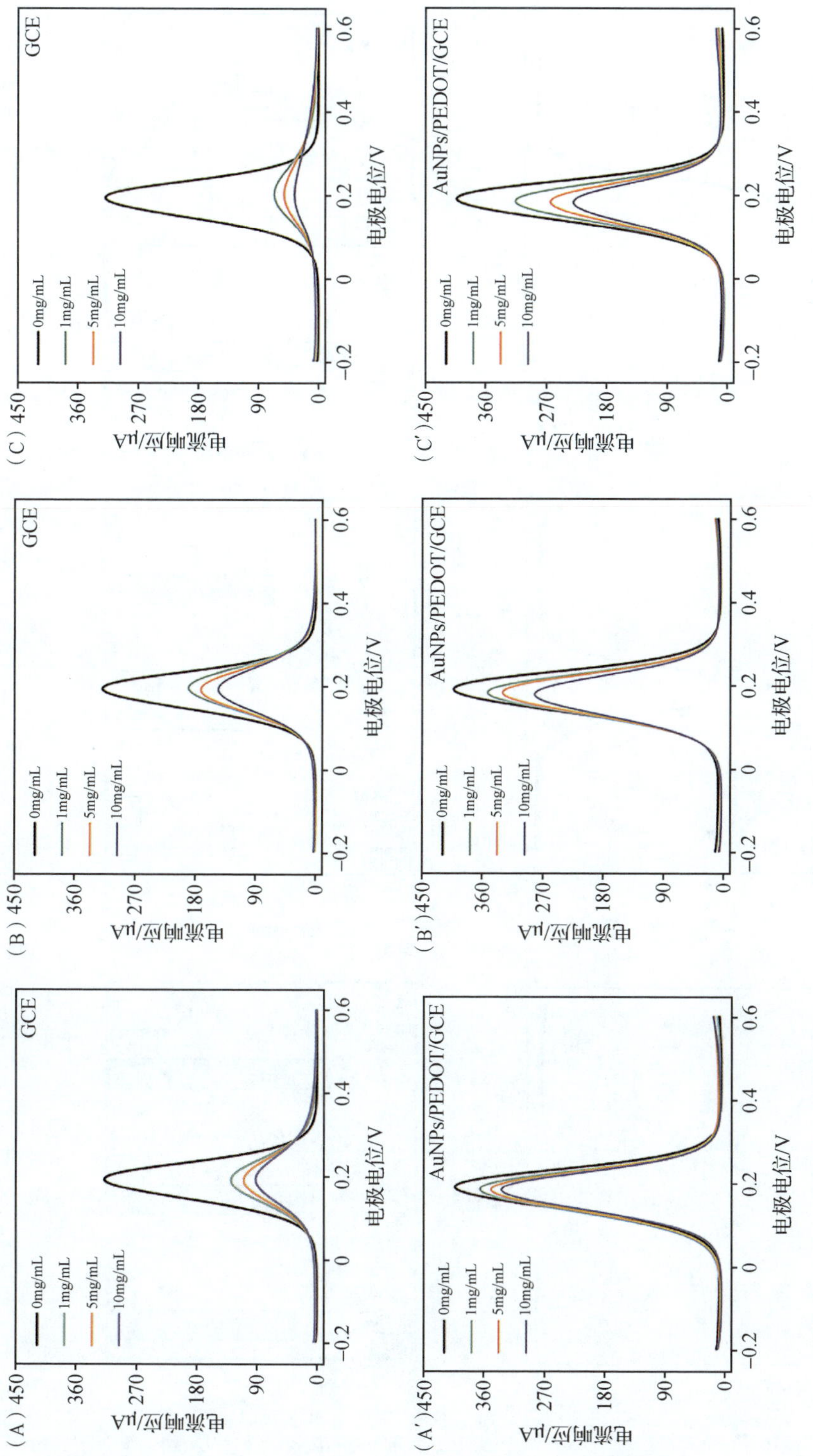
(A)
(B)
(C)
(A′)
(B′)
(C′)
GCE
AuNPs/PEDOT/GCE
0mg/mL
1mg/mL
5mg/mL
10mg/mL
电流响应/μA
电极电位/V

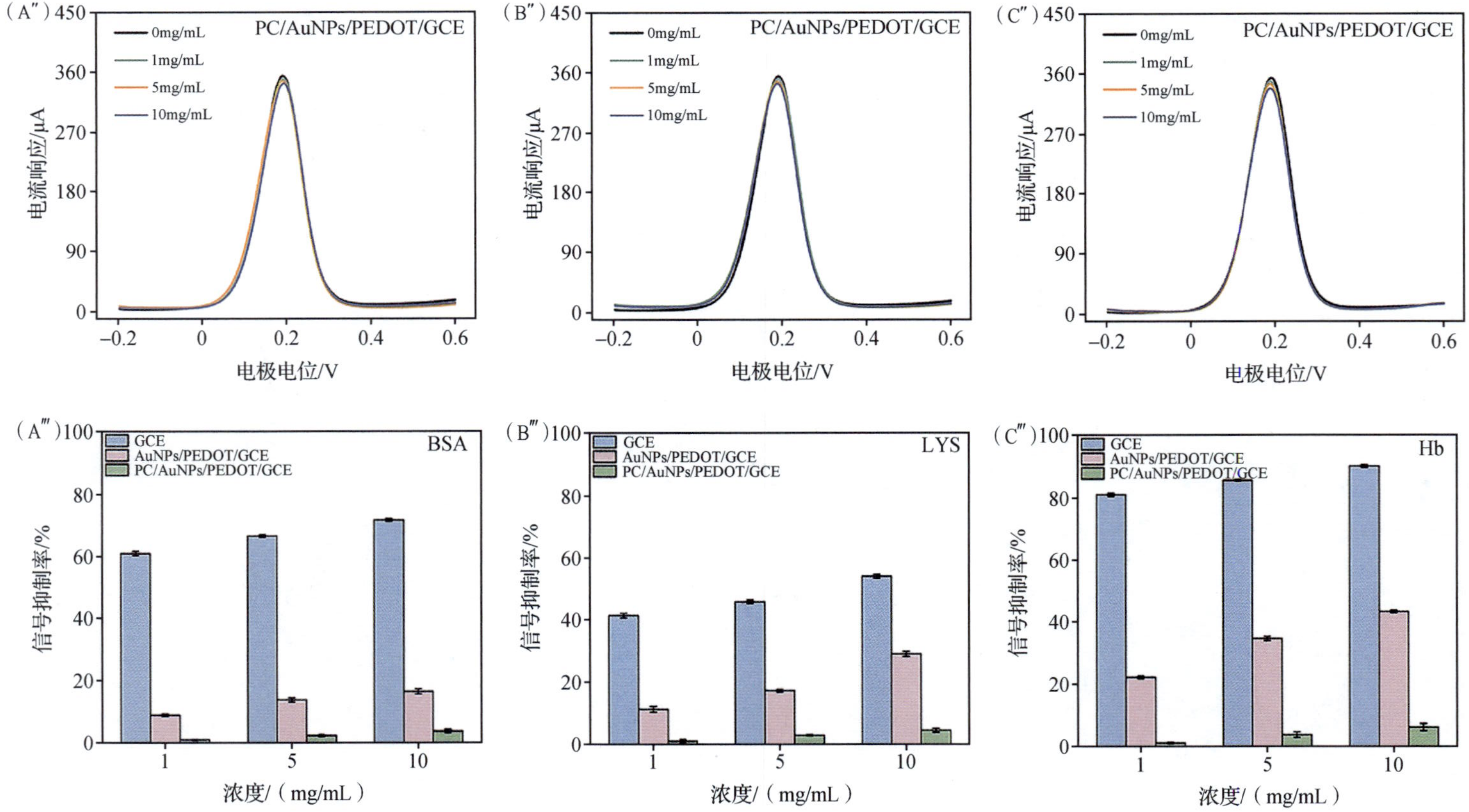

图 3-17　GCE、AuNPs/PEDOT/GCE 和 PC/AuNPs/PEDOT/GCE 在不同浓度的 BSA（A~A″）、LYS（B~B″）和 Hb（C~C″）溶液中孵育 30min 后的 DPV 信号曲线；不同修饰电极于不同浓度的 BSA（A‴）、LYS（B‴）和 Hb（C‴）中孵育 30min 后的 DPV 信号抑制率

均有良好的抗吸附效果，基于此，猜测 PC-SH 的表面改性，使得 PC/AuNPs/PEDOT/GCE 表面基本呈现电中性。

抗污能力的耐久性对于抗污传感器至关重要，故本研究使用 1% 牛乳评估了不同修饰电极抗污能力的耐久性。将 GCE、AuNPs/PEDOT/GCE 和 PC/AuNPs/PEDOT/GCE 浸泡于 1% 的牛乳中，持续 0.5，1.5，3.5，5.5h 后使用超纯水冲洗，同样通过 DPV 信号抑制率评估抗污性能的耐久性。由图 3-18 可知，PC/AuNPs/PEDOT/GCE 在 1% 牛乳中的信号抑制率随着浸泡时间的加长变化非常小，经过 5.5h 的浸泡，信号抑制率仅 3.4%。而 GCE 和 AuNPs/PEDOT/GCE 的信号抑制率本身就有较大基数，且随着时间的增加呈明显的增大趋势，浸泡 5.5h 后分别为 90.1% 和 25.4%。以上结果证明，所制备 PC/AuNPs/PEDOT/GCE 的抗污能力具有优异的耐久性。

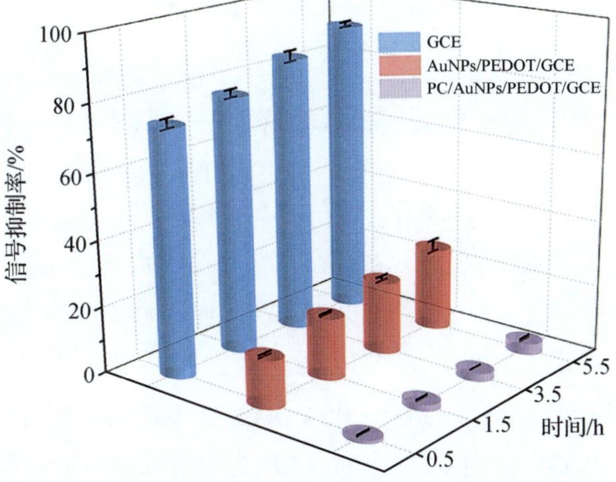

图 3-18　GCE、AuNPs/PEDOT/GCE 和 PC/AuNPs/PEDOT/GCE 在 1% 牛乳中抗污能力的耐久性

使用真实样品对不同修饰电极的抗污性能进行评估更加客观，且 Apt-PC/AuNPs/PEDOT/GCE 在用于牛乳中检测目标物之前也应评估其在牛乳样品中的抗污能力。本研究进一步将 GCE、AuNPs/PEDOT/GCE、PC/AuNPs/PEDOT/GCE 以及 Apt-PC/AuNPs/PEDOT/GCE 置于 0.1%、1%、10% 和 20% 的牛乳样品中孵育 30min，随后使用超纯水冲洗，通过 DPV 信号抑制率大小反映牛乳中的各种污染物在不同修饰电极表面的黏附情况。如图 3-19 所示，牛乳样品对 GCE 和 AuNPs/PEDOT/GCE 的电流信号影响非常大，而 PC/AuNPs/PEDOT/

GCE 的信号抑制率很低，在 20% 牛乳中孵育后仅为 5.2%。值得一提的是，Apt-PC/AuNPs/PEDOT/GCE 表现出了与 PC/AuNPs/PEDOT/GCE 相当的抗污能力，表明生物识别元件的引入对传感表面的抗污效果影响很小。

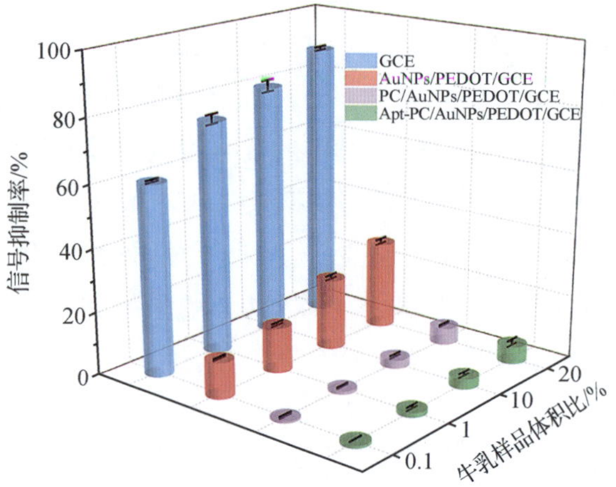

图 3-19　GCE、AuNPs/PEDOT/GCE、PC/AuNPs/PEDOT/GCE 和 Apt-PC/AuNPs/PEDOT/GCE 在真实牛乳样品中的抗污能力

将 GCE、AuNPs/PEDOT/GCE、PC/AuNPs/PEDOT/GCE 置于 1.0mg/mL FITC-BSA 溶液中浸泡 1.0h 后用超纯水冲洗，氮气吹干后置于倒置荧光显微镜下拍照，使用 40×物镜，10×目镜，保持曝光时间一致，制样及拍摄期间全程避光。荧光显微镜观察到的结果与电化学测试的结果一致。如图 3-20 所示，GCE 和 AuNPs/PEDOT/GCE 在 FITC-BSA 溶液中浸泡后，在荧光显微镜下能够观察到明显的绿色荧光。而 PC/AuNPs/PEDOT/GCE 的表面几乎观察不到荧光，表明其表面黏附的 FITC-BSA 很少，也可证明 PC/AuNPs/PEDOT/GCE 的抗污性能优异。以上抗污测试的结果均可证明基于 PC-SH 的抗污传感表面具有出

图 3-20　GCE、AuNPs/PEDOT/GCE 和 PC/AuNPs/PEDOT/GCE 在 FITC-BSA 溶液中浸泡后的荧光显微镜图像

色的抗污能力，所构建的 Apt–PC/AuNPs/PEDOT/GCE 具备在真实牛乳样品中应用的潜力。

3.1.1.5 条件优化

为了获得最佳检测效果和灵敏度，本研究分别对 TC 适配体浓度和传感器与目标物孵育时间两个因素进行了优化。TC 适配体浓度的优化如下，使用 1.0mg/mL PC–SH 溶液配制不同浓度的 TC 适配体混合溶液（TC 适配体浓度为 0.1，0.3，0.5，1.0，1.5，2.0μmol/L ），根据前面所述，构建一系列抗污传感器，并用于检测 100.0ng/mL TC（室温下孵育 45min）。根据传感器对 TC 响应信号（即 $-\Delta I$）的大小选择最佳适配体浓度。如图 3–21，在 0.1~1.0μmol/L 的范围内，传感器对于 TC 的信号响应逐渐增大，浓度超过 1.0μmol/L 后信号响应呈下降趋势。这是因为适配体与目标物结合时，往往伴随着空间结构的变化，适配体修饰过于密集不利于其空间结构变化，进而影响传感信号。因此，选择 1.0μmol/L 作为最佳适配体浓度。传感器与目标物孵育时间的优化如下，根据前述方法，使用最佳 TC 适配体浓度构建 Apt–PC/AuNPs/PEDOT/GCE，在室温下置于 100.0ng/mL TC 溶液中分别孵育 15，30，45，60，75，90min，同样根据 $-\Delta I$ 确定最佳孵育时间。如图 3–22 所示，随着孵育时间的增长（15~60min），传感器对 TC 的信号响应不断增大，60min 后则几乎不再发生改变，表明 Apt–PC/AuNPs/PEDOT/GCE 与 TC 的结合已达到饱和，因此，最佳孵育时间为 60min。

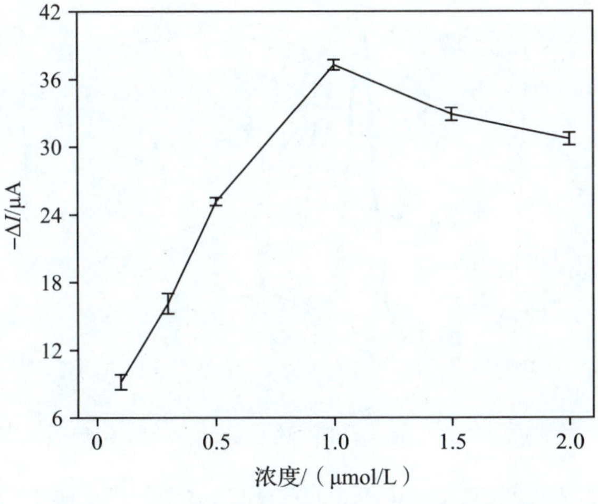

图 3–21 传感器构建过程中适配体浓度的优化

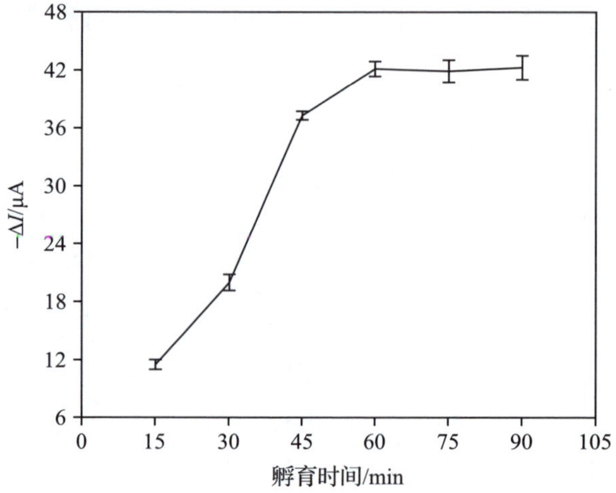

图 3-22 Apt-PC/AuNPs/PEDOT/GCE 与目标物 TC 孵育时间的优化

3.1.2 传感器性能评价及在牛乳中四环素检测的应用

3.1.2.1 四环素的定量分析

本研究旨在建立电化学信号与 TC 浓度的线性关系以实现 TC 的灵敏检测。在最优条件下，利用 Apt-PC/AuNPs/PEDOT/GCE 对一系列不同浓度的 TC 标准溶液进行检测，最终建立 $-\Delta I$ 与 TC 浓度的线性关系，并计算检出限。如图 3-23 所示，随着 TC 浓度的升高，TC/Apt-PC/AuNPs/PEDOT/GCE 的 DPV 电流

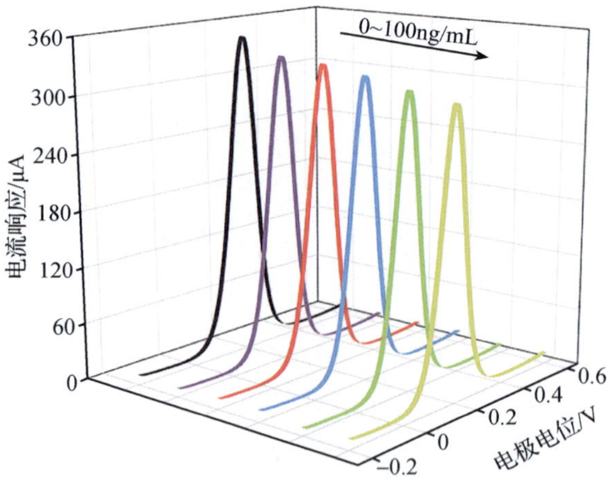

图 3-23 Apt-PC/AuNPs/PEDOT/GCE 于不同浓度的 TC 溶液中（0~100.00ng/mL）孵育后的 DPV 曲线

信号逐渐降低。图 3-24 表明在 0.05~100.00ng/mL 浓度范围内，TC 浓度的对数与 Apt-PC/Au NPs/PEDOT/GCE 的电流信号变化（$-\Delta I$）呈现良好的线性关系。线性拟合函数为：$-\Delta I$=7.98lg c+26.49，R^2 为 0.995。所制备抗污传感器的检出限为 8.82pg/mL（S/N=3）。

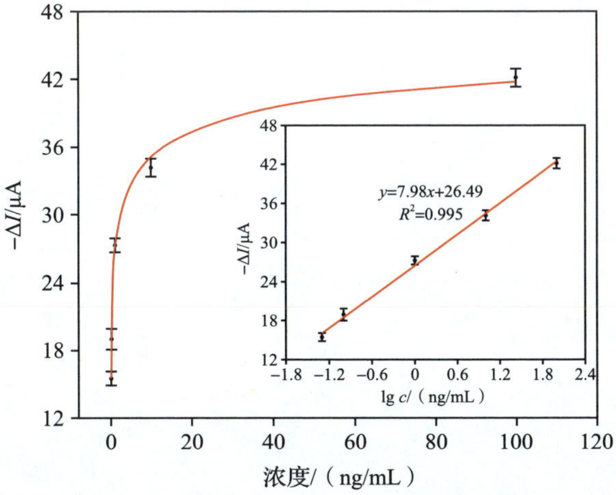

图 3-24 Apt-PC/Au NPs/PEDOT/GCE 于不同浓度的 TC 孵育后的信号抑制率（插图：拟合的线性曲线）

3.1.2.2 特异性、稳定性和重复性测试

选择阿莫西林（AMX）、卡那霉素（KAN）、土霉素（OXY）三种 TC 的结构类似物以及葡萄糖（Glu）和乳糖（Lac）两种牛乳样品中常存在的物质作为干扰物（图 3-25），评估了 Apt-PC/AuNPs/PEDOT/GCE 的特异性。将构建好的 Apt-PC/AuNPs/PEDOT/GCE 分别置于 10.0ng/mL TC 溶液和 100.0ng/mL 其他干扰物溶液以及 10.0ng/mL TC 与 100.0ng/mL 其他干扰物的混合溶液中孵育，测定 DPV 电流信号变化。

如图 3-26 所示，Apt-PC/AuNPs/PEDOT/GCE 在 10.0ng/mL TC 溶液中孵育后 $-\Delta I$ 为 34.2μA，而 Apt-PC/AuNPs/PEDOT/GCE 对其余干扰物的信号响应很小，即使干扰物浓度远大于 TC。OXY 由于分子结构与 TC 相似，故响应信号大于其他干扰物。Apt-PC/AuNPs/PEDOT/GCE 对于混合溶液的信号响应与对 TC 溶液的信号响应基本无差异（35.8μA），说明 Apt-PC/AuNPs/PEDOT/GCE 能够特异性识别 TC，且具备很强的抗干扰能力，这为 Apt-PC/AuNPs/PEDOT/GCE 应用于实际样品中奠定了基础。

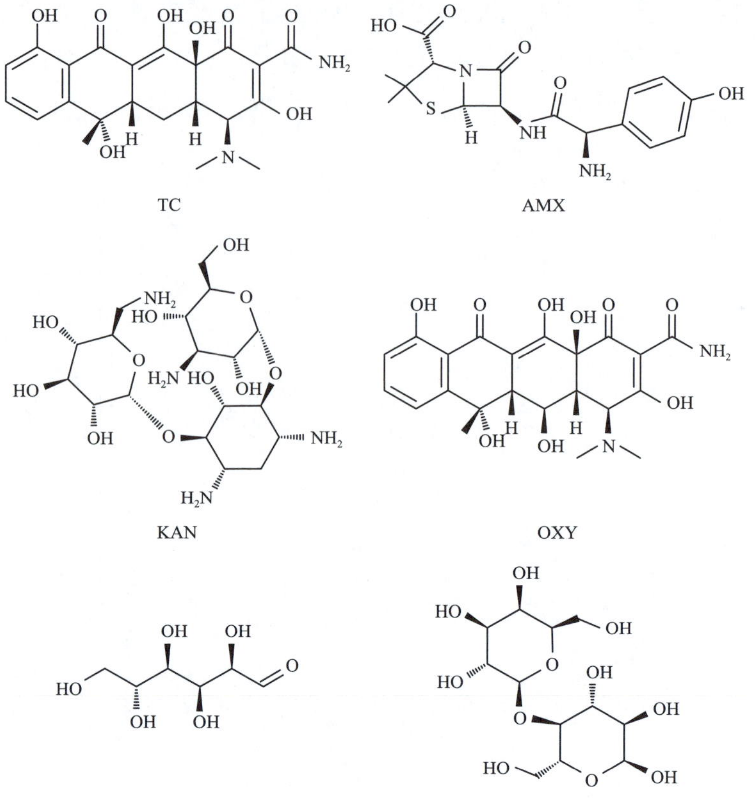

图 3-25　TC、AMX、KAN、OXY 和 Glu、Lac 的化学结构式

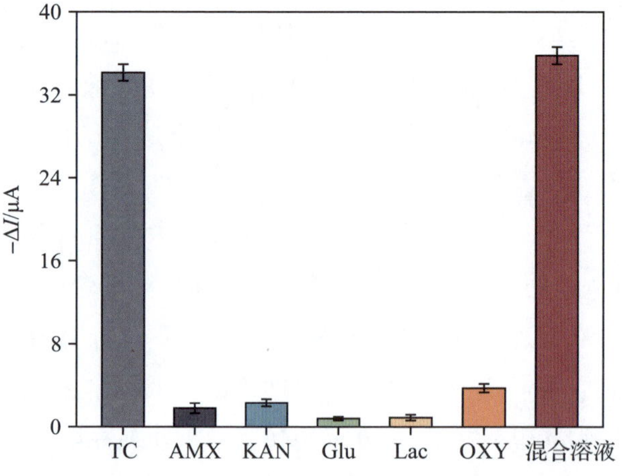

图 3-26　Apt-PC/AuNPs/PEDOT/GCE 对 TC、AMX、KAN、Glu、Lac 和 OXY 及上述物质的混合溶液的信号响应

为了评估 Apt-PC/AuNPs/PEDOT/GCE 的重复性，使用 7 根 GCE 构建传感器，并对 100.0ng/mL TC 进行定量检测。如图 3-27，7 根电极构建的 Apt-PC/AuNPs/PEDOT/GCE 的信号响应的 RSD 为 2.0%，证明 Apt-PC/AuNPs/PEDOT/GCE 具有良好的重复性。本实验评估了电化学测试的稳定性。将 Apt-PC/AuNPs/PEDOT/GCE 置于 5.0mmol/L $[Fe(CN)_6]^{3-/4-}$ 中，在 −0.2~0.6 V 电位范围内扫描 25 圈，扫描速率设置为 0.1V/s。如图 3-28 所示，25 圈扫描的 CV 曲线完全重叠，证明 Apt-PC/AuNPs/PEDOT/GCE 具有优异的电化学稳定性。为了

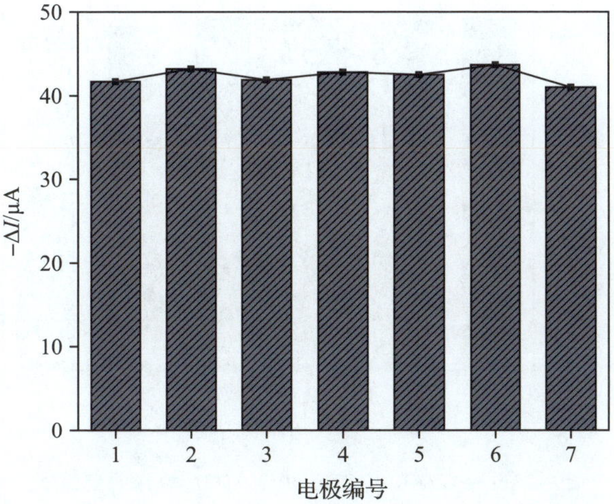

图 3-27　Apt-PC/AuNPs/PEDOT/GCE 重复性测试

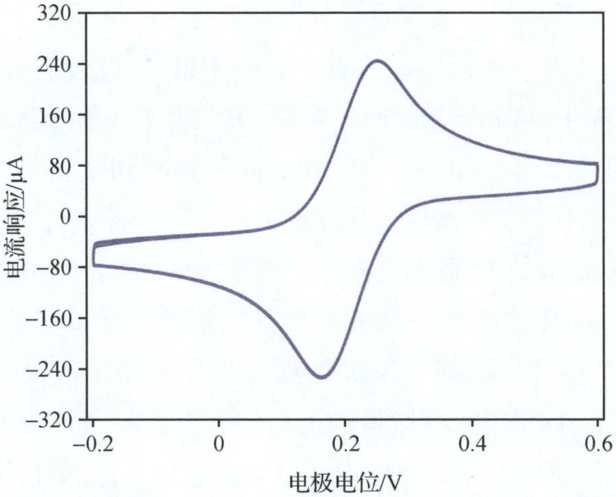

图 3-28　Apt-PC/AuNPs/PEDOT/GCE CV 扫描 25 圈的电流变化

评估 Apt-PC/AuNPs/PEDOT/GCE 的保存稳定性，将制备好的 Apt-PC/AuNPs/PEDOT/GCE 浸泡于 10.0mmol/L PBS 中，并置于 4℃冰箱内保存，每天使用 Apt-PC/AuNPs/PEDOT/GCE 对 100.0ng/mL TC 进行定量检测。图 3-29 为 Apt-PC/AuNPs/PEDOT/GCE 储存 1~5d 后对 100.0ng/mL TC 检测的结果。在存储 5d 后，Apt-PC/AuNPs/PEDOT/GCE 对 100.0ng/mL TC 的响应信号仍保持了新构建传感器的 95.5%。

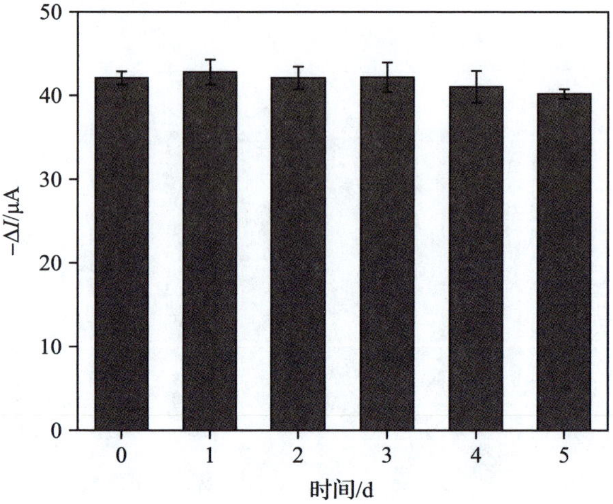

图 3-29　Apt-PC/AuNPs/PEDOT/GCE 的保存稳定性测试

3.1.2.3　实际样品分析

为评估所构建传感器在真实食品样品中测定 TC 的可行性与准确性，本实验选择了牛乳样品进行加标回收实验，并与 HPLC 方法进行对比。根据前面所述步骤构建 Apt-PC/AuNPs/PEDOT/GCE，并将其分别置于稀释后的加标牛乳样品（15.0，45.0，95.0ng/mL）中孵育 60min，测定 DPV 信号并计算 $-\Delta I$。根据建立的标准方程计算 TC 含量，并计算回收率。加标牛乳样品中的 HPLC 检测方法如下，称取 10.0g 全脂牛乳样品，置于 50mL 离心管中，并加入 20.0mL Na_2EDTA-Mcllvaine 缓冲溶液，涡旋处理使其混合均匀，随后于 5000r/min 转速下离心 10min，收集上清液。再次向残渣中加入 20.0mL Na_2EDTA-Mcllvaine 缓冲溶液，重复以上操作并将所得的上清液合并。将所得的上清液通过 HLB 固相萃取柱（预先使用 5.0mL CH_3OH 和 10mL 超纯水湿润柱体），上清液流出后，使用 5.0mL CH_3OH- 水溶液（1∶1，体积比）淋洗，并将所有流出液弃去。

随后，减压抽干柱体，再使用5.0mL CH_3OH 淋洗并收集洗脱液。所得洗脱液通过羧酸阳离子柱，洗脱液完全流出后，使用5.0mL CH_3OH 淋洗柱体，将所有流出液弃去并减压抽干柱体。然后，使用草酸－乙腈混合液（1∶19，体积比）洗脱，收集洗脱液并置于刻度试管中，于45℃水浴下使用高纯氮气吹至1.5mL，加流动相至2.0mL。通过0.22μm滤膜后，供HPLC检测。HPLC使用的流动相为0.01mol/L草酸溶液－乙腈－CH_3OH（77∶18∶5，体积比），使用前过0.22μm滤膜并使用超声脱气。流速、柱温、检测波长和进样量分别设置为1.0mL/min、40℃、350nm和60μL。

实验结果见表3-1，采用所构建的传感器检测TC，所得回收率为96.9%~107.6%，且RSD小于7.1%，与HPLC测定的结果（91.7%~95.8%）基本一致。以上结果证明Apt-PC/AuNPs/PEDOT/GCE具备在实际样品中应用的潜力，可在简单稀释处理后的牛乳样品中准确检测TC，避免了复杂的样品前处理操作。

表3-1 所构建抗污传感器与HPLC法在牛乳样品检测中的加标回收率

样品序号	加标浓度/（ng/mL）	测量浓度/（ng/mL）	回收率（平均值±相对标准偏差，n=3）/%	HPLC验证（平均值±相对标准偏差，n=3）/%	
1	15.0	15.8	105.5±3.6	91.7	1.1
2	45.0	48.4	107.6±7.1	92.7	2.9
3	95.0	92.1	96.9±5.0	95.8	0.6

3.2 基于两性离子磷酰胆碱材料的抗污电化学适配体传感器的构建及应用

黄曲霉毒素（AF）通常来源于黄曲霉和寄生曲霉。淀粉含量高的谷物及其制品中易受霉变侵袭，导致黄曲霉毒素残留过多。目前，已鉴定出黄曲霉毒素家族中20多种毒素（AFB_1、AFB_2、AFM_1、AFM_2、AFG_1、AFG_2等）[71]，其中AFB_1的毒性和致癌性最强，已被国际癌症研究机构归属为Ⅰ类致癌物质[72]。AFB_1可能污染从“农田到餐桌”的任意环节，通过食物链对人类健康造成危害[73]。因此，能够快速准确地检测 AFB_1 具有极其重要的意义。

PC 是一种两性离子单体，在抗污传感器的开发方面具有很大潜力和可能性[74, 75]。Ross 等证明了由磷酸胆碱组成的脂双层对可溶性蛋白质表现出优异的抗吸附特性[76]。受此启发，本研究使用一种结构类似的仿生两性离子材料，即 11- 硫代十一烷基磷酸胆碱（PC–SH）来构建抗污电化学适配体传感器。为了解决两性离子材料的绝缘性对传感器灵敏度的不利影响，本研究引入了具有高导电性、良好生物相容性和高比表面积的 β–Bi_2O_3–Au 纳米球来提高传感器的导电性[77–79]。其修饰在 β–Bi_2O_3 纳米球上的 AuNPs 通过 Au–S 为 PC–SH 和巯基化的适配体提供了锚定位置，从而在传感表面上形成分层的抗污层和识别层。在此基础上构建了一种基于仿生两性离子材料和导电材料 β–Bi_2O_3 纳米球的抗污电化学适配体传感器（图 3–30）。基于 AFB_1 被传感器捕获会引起电流信号的变化建立了 AFB_1 浓度与电流信号之间的线性关系，实现了多种食品基质中 AFB_1 的灵敏、特异性检测。

3.2.1 基于两性离子磷酰胆碱的抗污电化学适配体传感器的构建

3.2.1.1 相关溶液的配制

（1）0.5mmol/L $HAuCl_4$ 溶液的配制　将 14.7mL 超纯水与 0.3mL $HAuCl_4$ 溶液（25mmol/L ）于 25mL 烧杯中混合均匀，即可得到 0.5mmol/L $HAuCl_4$ 溶液。

（2）0.2mol/L PBS 的配制　准确称取磷酸氢二钠（$Na_2HPO_4 \cdot 12H_2O$）71.6g 和磷酸二氢钠（$NaH_2PO_4 \cdot 2H_2O$）31.2g，置于 1000mL 容量瓶中，用超纯水定容至刻度，得到 0.2mol/L Na_2HPO_4 溶液和 0.2mol/L NaH_2PO_4 溶液。然后分别量取 Na_2HPO_4 溶液 81mL 和 NaH_2PO_4 溶液 19mL，然后加入 NaCl 固体 0.9g，充分搅拌混匀后，得到 0.2mol/L pH7.4 的 PBS 溶液 100.0mL，存放在 4℃环境下备用。

（3）电化学探针溶液的配制　准确称取铁氰化钾（$K_3[Fe(CN)_6]$）固体 0.8231g、亚铁氰化钾（$K_4[Fe(CN)_6]$）1.0560g 和氯化钾（KCl）7.4550g。将 0.2mol/L pH7.4 的 PBS 溶液稀释至 0.01mol/L，然后用 0.01mol/L pH7.4 的 PBS 溶液作为溶剂溶解上述药品，最后定容至 500mL 容量瓶中，得到亮黄色溶液，即得到 5mmol/L 电化学探针（$K_3[Fe(CN)_6]/K_4[Fe(CN)_6]$，含有 0.2mol/L KCl）溶液，用锡箔纸包好，置于 4℃冰箱保存待用。

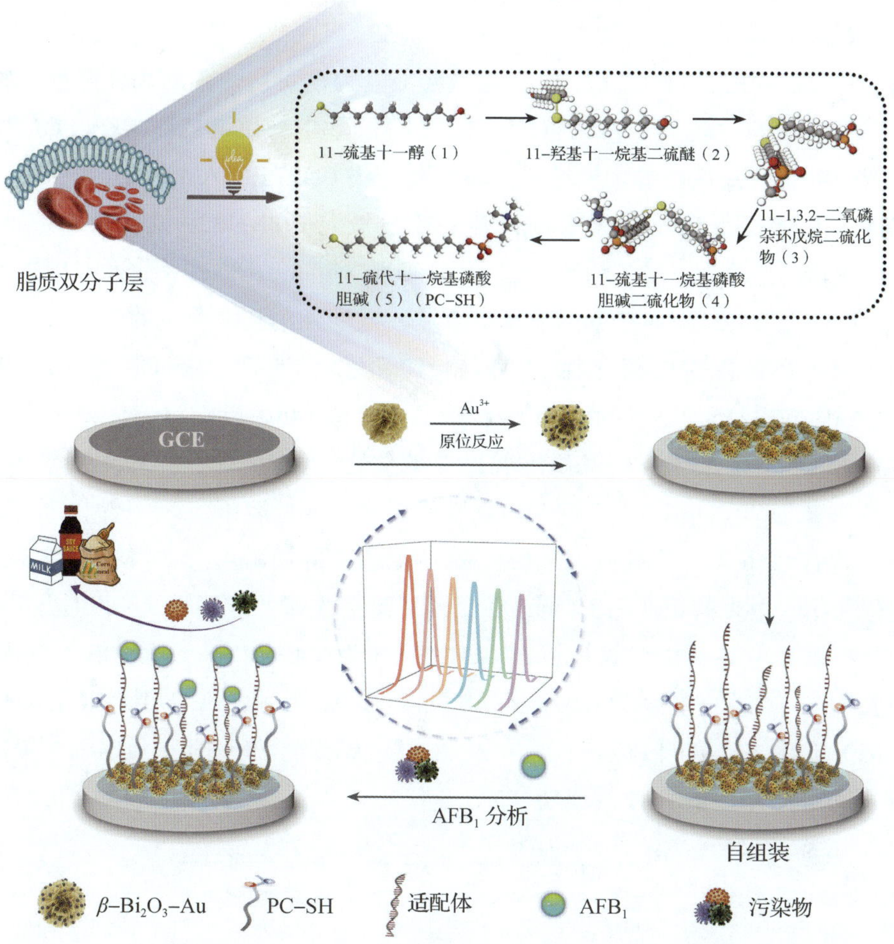

图 3-30　基于 PC-SH 和 β-Bi_2O_3-Au 的抗污电化学适配体传感器的构建示意图

（4）AFB_1 标准储备液（1mg/mL）配制　用甲醇将 10.0mg 的 AFB_1 干粉溶解在 10mL 容量瓶中，得到 1.0mg/mL 的溶液，再用体积比为 1∶4 的甲醇 /PBS 溶液稀释至所需浓度，-20℃下避光保存。

（5）适配体母液的配制　在使用之前，将适配体离心 3min（3500r/min），然后每 0.5OD 引物加入 6.9μL PBS 缓冲液（0.02mol/L，pH7.4），配制出 100μmol/L 的溶液，再稀释至所需浓度。

实验中所用的单一蛋白质溶液、单双多糖溶液以及稀释食品样品均使用 pH7.4 的 20.0mmol/L PBS 配制。

3.2.1.2 PC-SH 的合成与表征

PC-SH 的合成方法如下[80]：用 1.0mol/L 碘甲醇溶液滴定含 2.05g 11- 巯基十一醇的甲醇溶液（30.0mL），直至溶液变为淡黄色。然后用亚硫酸氢钠熄灭反应得到 11- 羟基十一烷基二硫醚。11- 羟基十一烷基二硫醚在 0℃的甲醇溶液中沉淀，并从乙醇中重结晶。将所得产物 0.407g 加入 15.0mL 氯仿中，同时加入 0.35mL 2.5mmol 三乙胺。将上述溶液与 0.21mL 2- 氯 -1,3,2- 二氧磷杂环戊烷（约 2.4mmol）和 40.0mL 无水四氢呋喃在 -18℃下混合，加热 2h 以上，冷却至 0℃。滤液在室温下真空浓缩，得到无色到淡黄色的油（11-1,3,2-二氧磷杂环环戊烷二硫化物），将其与三乙胺（0.5mL，5.5mol）和二氯甲烷（35.0mL）在 -15℃下密封，加热至 55℃，搅拌 24h，冷却过滤后得到白色固体粉末（11- 巯基十一烷基磷酸胆碱二硫化物）。将白色固体粉末溶于 3.0mL 乙醇中，加入 0.4g 1,4- 二硫 -D,L- 苏糖醇（DTT）溶液。调节溶液的 pH 为 9.0。搅拌 0.5h 后，用硅胶闪蒸层析法（氯仿:乙醇:水 =4∶8∶4 的混合洗脱液）进行纯化。得到的粗产品 PC-SH 在室温下真空浓缩，浓缩后于 -20℃下保存。

本研究用 Zeta 电位表征了 PC-SH 在 pH 为 7.4 的 PBS 溶液中的带电状态，测试时 PC-SH 的浓度为 0.02mg/mL。如图 3-31 所示，PC-SH 溶液的 Zeta 电位接近于 0mV，表明 PC-SH 呈电中性。这一结果与 PC-SH 正负电荷相等的理论一致，表明了 PC-SH 的成功合成。

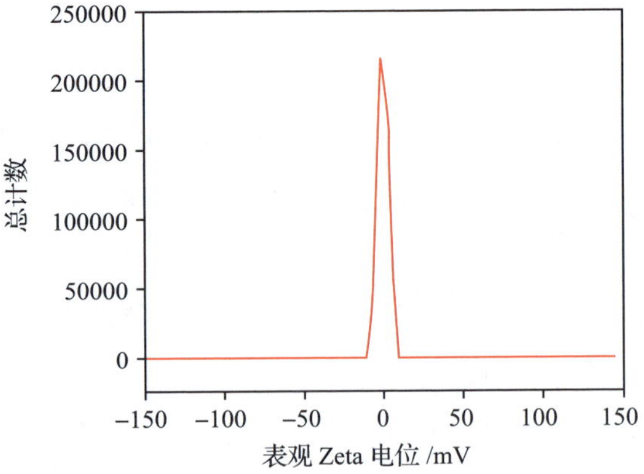

图 3-31 PC-SH 的 Zeta 电位图

进一步采用 ^{1}H NMR（400MHz）和高分辨质谱（High-resolution mass spectrometry，HRMS）来确定 PC-SH 的分子结构。将适量反应产物溶于 D_2O

中，利用 ^{1}H NMR 对反应产物的化学结构进行分析，^{1}H NMR 谱图如图 3–32 所示，红色方框中为对各个峰积分的结果，图中 7 个不同的氢核吸收峰证明了 PC–SH 的成功制备。在此基础上，用正离子质谱仪测定了 PC–SH 的相对分子质量，并对 PC–SH 的质谱图进行了分析。如图 3–33 所示，M+H 对应的 M_W 为 370，2M+H 对应的 M_W 为 738.9。上述结果证明了 PC–SH 的成功制备。

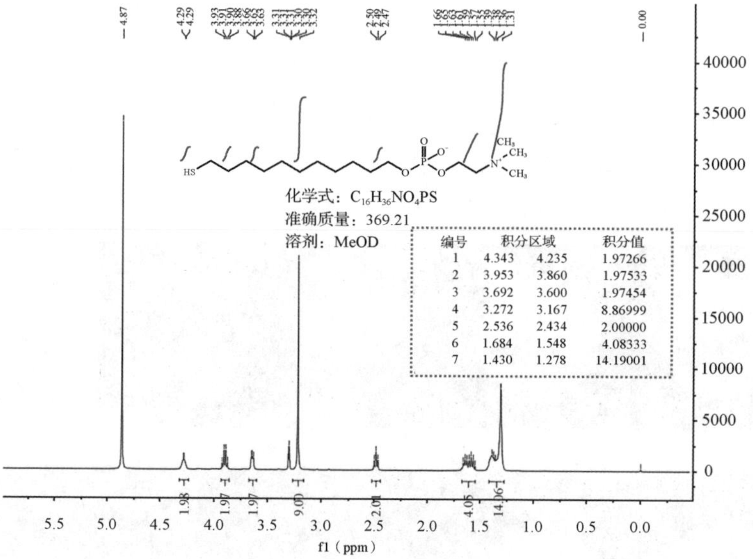

图 3–32 PC–SH 的 ^{1}HNMR 谱图（CD_2OD）

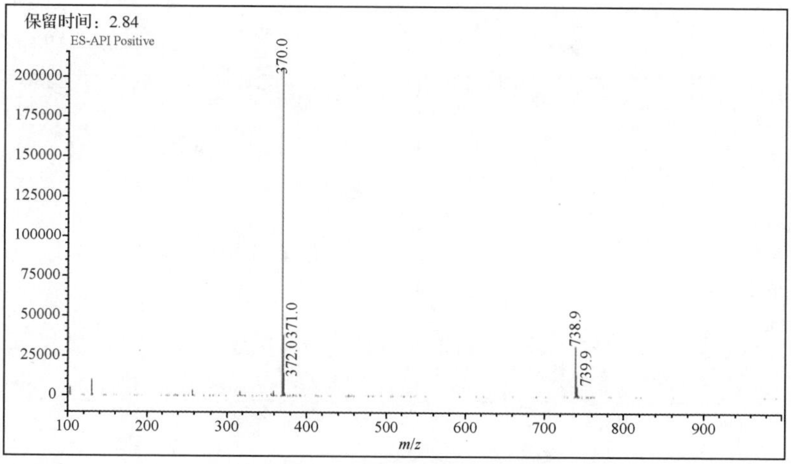

图 3–33 PC–SH 的 MS 谱图

3.2.1.3 β-Bi_2O_3-Au 纳米球的合成与表征

β-Bi_2O_3-Au 的合成同 2.2.1.3[81]。为了验证纳米微球 β-Bi_2O_3-Au 的成功制备，对纳米微球 β-Bi_2O_3 和纳米微球 β-Bi_2O_3-Au 进行了相应的表征。通过 TEM 搭配 EDS 探究了 β-Bi_2O_3 和 β-Bi_2O_3-Au 的元素分布和组成情况。图 3-34 中的能谱图谱表明，β-Bi_2O_3-Au 中的 Au 元素分布均匀，这表明 β-Bi_2O_3 纳米微球成功地负载了 AuNPs。EDS 谱图显示了 AuNPs 修饰后 Au 元素的特征峰，而其他元素的特征峰在 AuNPs 修饰前后没有明显变化（图 3-35）。此外，用 XPS 进一步研究了 β-Bi_2O_3 和 β-Bi_2O_3-Au 的元素组成（图 3-36）。经过 AuNPs 修饰后，出现了 Au 元素的特征峰，可以明显的观察到 Au_{4f} 峰，该结果进一步证明了 β-Bi_2O_3-Au 的成功合成。

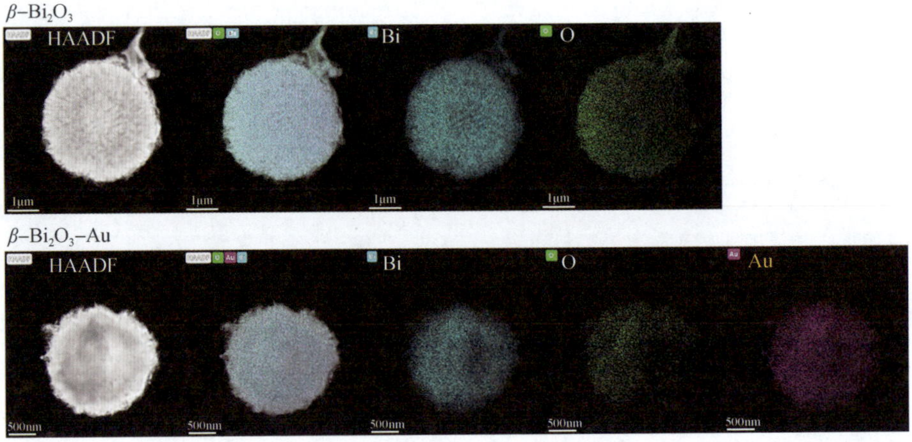

图 3-34 β-Bi_2O_3 和 β-Bi_2O_3-Au 的 HAADF-STEM 图像和相应的元素映射图像

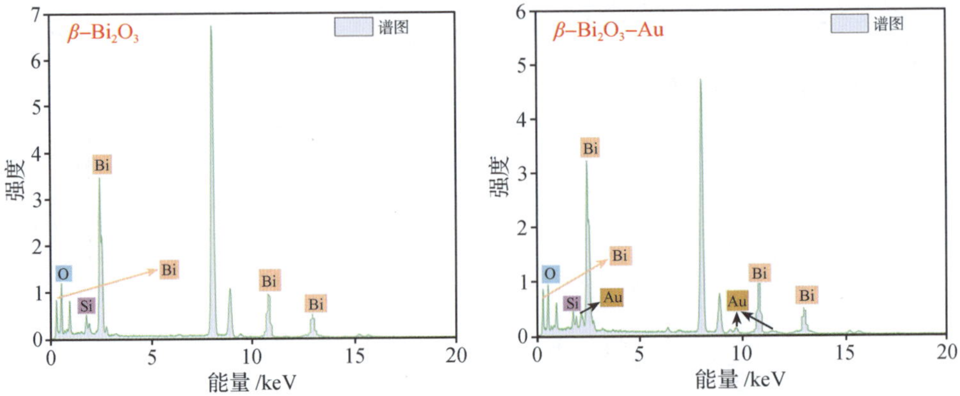

图 3-35 β-Bi_2O_3 和 β-Bi_2O_3-Au 的 EDS 谱图

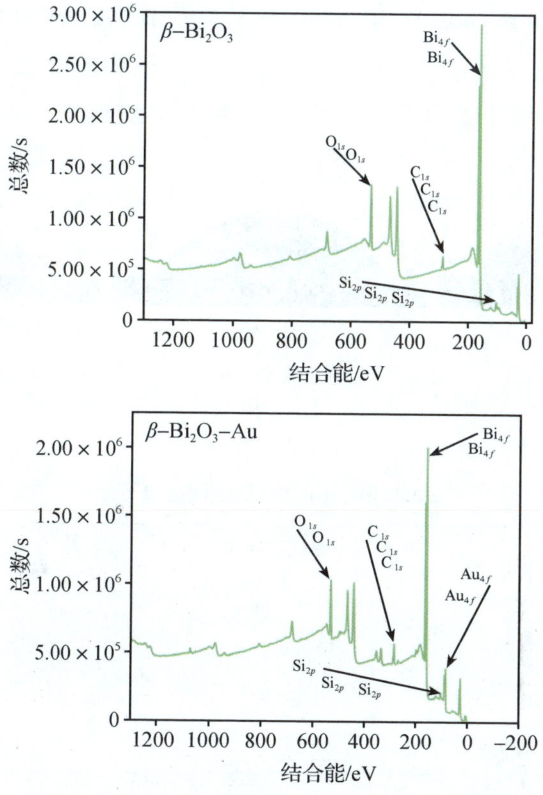

图 3-36 β-Bi_2O_3 和 β-Bi_2O_3-Au 的 XPS 谱图

3.2.1.4 传感器的构建与表征

GCE 通过 0.3μm 和 0.05μm 的 Al_2O_3 抛光，然后分别用超纯水、乙醇和超纯水清洗。将 β-Bi_2O_3-Au 溶解在含有 1.0mg/mL 壳聚糖的 1% 乙酸溶液中，超声 20min，得到浓度为 0.5mg/mL 的 β-Bi_2O_3-Au 溶液。将 10.0μL β-Bi_2O_3-Au 溶液滴涂到电极表面上，烘干后置于含有 5.0μg/mL PC-SH 和 4.0μmol/L 适配体的溶液中 4℃恒温孵育过夜，在此过程中 PC-SH 和含巯基的 TC 适配体可通过金硫键固定在 β-Bi_2O_3-Au/GCE 表面。最后，将所制备的适配体传感器（Apt-PC-SH/β-Bi_2O_3-Au/GCE）用 PBS 溶液（20.0mmol/L，pH7.4）冲洗后用于后续检测。

（1）亲水性测试　本研究采用 WCA 测量仪测定了不同修饰电极（GCE、β-Bi_2O_3-Au/GCE 和 Apt-PC-SH/β-Bi_2O_3-Au/GCE）表面的 WCA。如图 3-37 和表 3-2 所示，GCE、β-Bi_2O_3-Au/GCE 和 APT-PC-SH/β-Bi_2O_3-Au/GCE 的静态

接触角分别为 63.80°、49.40° 和 26.50°，经逐步修饰后呈下降趋势，表明改性后的表面具有良好的亲水性。因此，推测在修饰的传感表面上形成了致密的水合层，为传感表面抵抗污染创造了良好的物理和能量屏障。

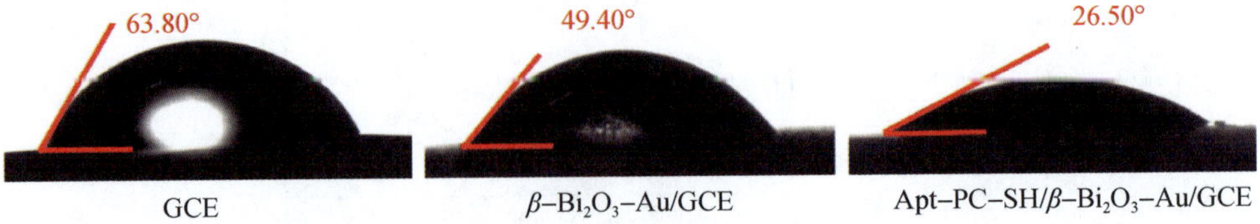

图 3-37　GCE、β-Bi_2O_3-Au/GCE 和 Apt-PC-SH/β-Bi_2O_3-Au/GCE 的 WCA 图像

表 3-2　不同修饰表面的 WCA

测试点	GCE	β-Bi_2O_3-Au/GCE	Apt-PC-SH/β-Bi_2O_3-Au/GCE
1	63.80°	49.40°	26.50°
2	64.60°	50.60°	26.00°
3	63.20°	48.90°	27.40°
平均值	63.87°	49.63°	26.63°

（2）表面形貌表征　本研究进一步用 SEM 和 AFM 对传感器构建过程中不同电极（GCE、Apt-PC-SH/β-Bi_2O_3-Au/GCE）的表面形貌及粗糙度进行了表征。采用 SEM 观察了 GCE 和 Apt-PC-SH/β-Bi_2O_3-Au/GCE 的表面形态。如图 3-38 所示，GCE 表面光滑，而 Apt-PC-SH/β-Bi_2O_3-Au/GCE 表面变得更致密和粗糙，表明两性离子材料 PC-SH 和适配体在 GCE 上成功修饰。

进一步通过 AFM 评价了 GCE 和 Apt-PC-SH/β-Bi_2O_3-Au/GCE 的表面粗糙度，所得二维和三维图像如图 3-39、图 3-40 所示。经 Nanoscope Analysis 软件分析得到 GCE 和 Apt-PC-SH/β-Bi_2O_3-Au/GCE 的平均粗糙度（R_a）分别为 3.16nm 和 42.3nm 左右。

（3）电化学表征及目标物识别可行性测试　由于 β-Bi_2O_3-Au 的导电性强、PC-SH 和 Apt 的导电性差，故可通过记录每一步构建过程中的电信号来表征传感器是否构建成功。采用 DPV 和 EIS 测试电信号。此外，为了验证所构建传感器对 AFB_1 的识别能力，将不同修饰电极（GCE、β-Bi_2O_3-Au/GCE、PC-SH/β-Bi_2O_3-Au/GCE 和 Apt-PC-SH/β-Bi_2O_3-Au/GCE）置于 10.0ng/mL

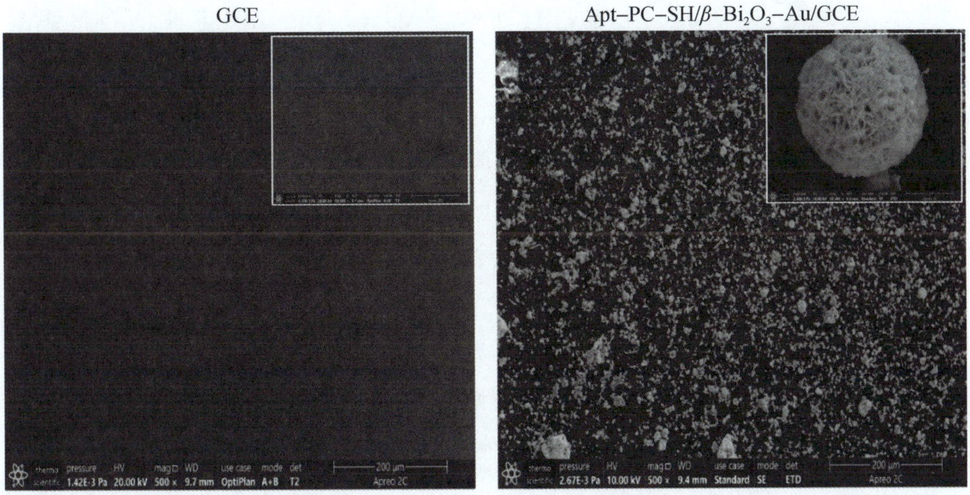

图 3-38 GCE 和 Apt-PC-SH/β-Bi_2O_3-Au/GCE 的 SEM 图像

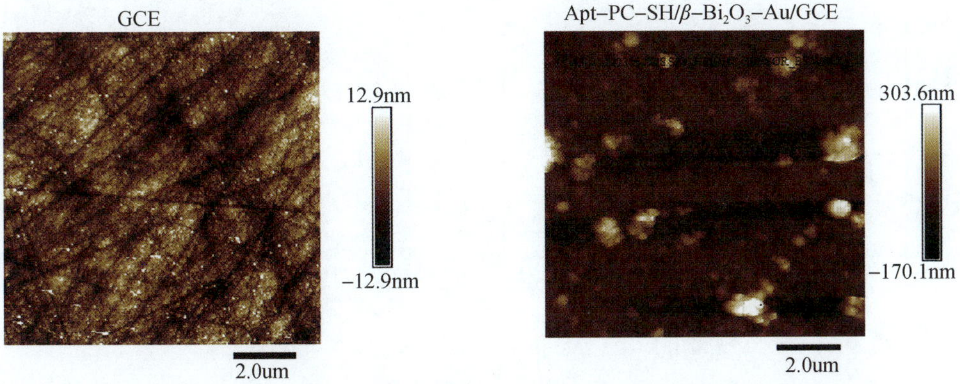

图 3-39 GCE 和 Apt-PC-SH/β-Bi_2O_3-Au/GCE 的 AFM 二维图像

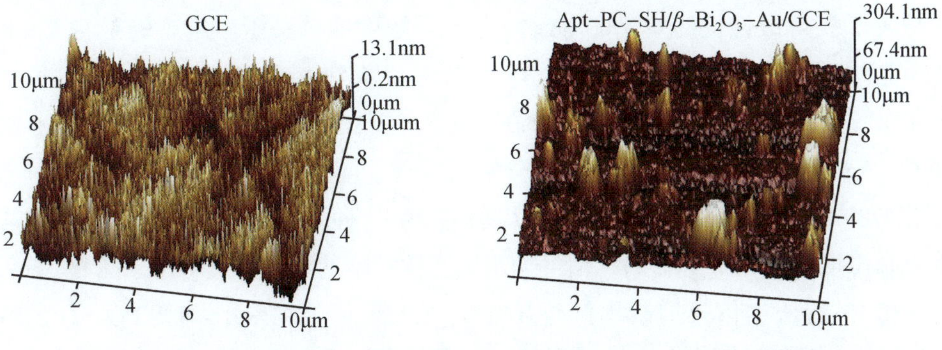

图 3-40 GCE 和 Apt-PC-SH/β-Bi_2O_3-Au/GCE 的 AFM 三维图像

AFB_1 溶液中孵育 30min，记录孵育前（I_0）后（I）的 DPV 电流信号。如图 3-41 所示，在 GCE 表面修饰 β-Bi_2O_3-Au 后，DPV 电流从 106.79μA 增加至 151.53μA，电荷转移电阻（R_{ct}）从 8.06Ω 下降至 5.23Ω，这归功于 β-Bi_2O_3-Au 的良好导电性，当 AFB_1 适配体和 PC-SH 自组装到传感表面时，DPV 信号减少至 71.65μA，R_{ct} 增加至 69.18Ω。不导电的适配体和两性离子材料阻碍了 $[Fe(CN)_6]^{3-/4-}$ 氧化还原探针与传感表面之间的电子传递，表明了适配体与 PC-SH 在传感表面上成功修饰。AFB_1 引入后，DPV 信号进一步降低至 47.05μA，表明 AFB_1 有效地结合在适配体上。由此推测，长链适配体和短链 PC-SH 在传感表面形成了分层的抗污层和识别层，因此，抗污层的存在对 AFB_1 的捕获没有影响。以上结果证明了具有有效识别能力的适配体传感器制备成功。

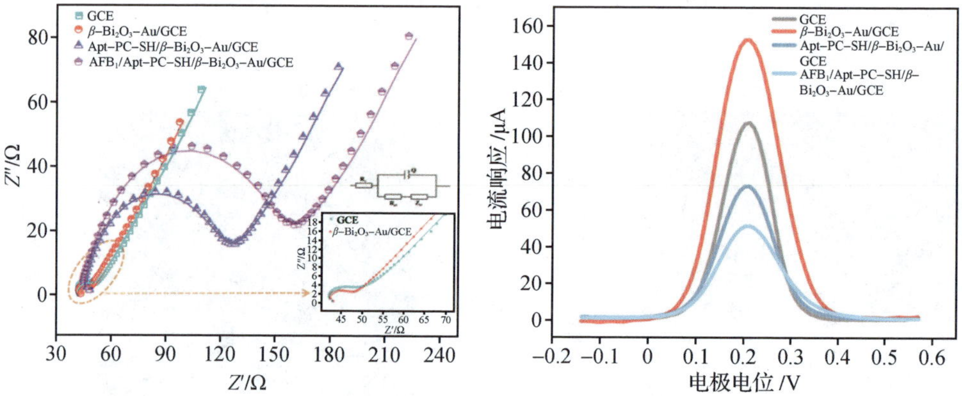

图 3-41　含 0.2mol/L KCl、5.0mmol/L $[Fe(CN)_6]^{3-/4-}$ 中不同电极的 EIS（左）和 DPV（右）响应曲线

3.2.1.5　传感器抗污性能评价

为了获得最佳抗污效果，本研究在不同浓度的单一蛋白质（BSA、LYS 和 Mb）溶液中，对 PC-SH 的浓度进行了优化。如图 3-42 所示，PC-SH 的浓度为 1.0，2.0，3.0，4.0，5.0，6.0，7.0μg/mL，蛋白质溶液的浓度为 1.0，5.0，10.0mg/mL。将不同浓度的 PC-SH 分别置于不同蛋白质溶液中孵育 30min 后，计算 DPV 的信号变化，从图中可以发现：在三种不同的单一蛋白质溶液中，PC-SH 浓度达到 5.0μg/mL 时，信号抑制率变化基本达到最低值（1mg/mL 的 BSA、LYS 和 Mb 溶液中信号抑制率低至 0.61%、1.22% 和 1.71%），即使 PC-SH 的浓度再增大，信号抑制率变化幅度也很小，故认为 PC-SH 的最佳浓度为 5.0μg/mL。

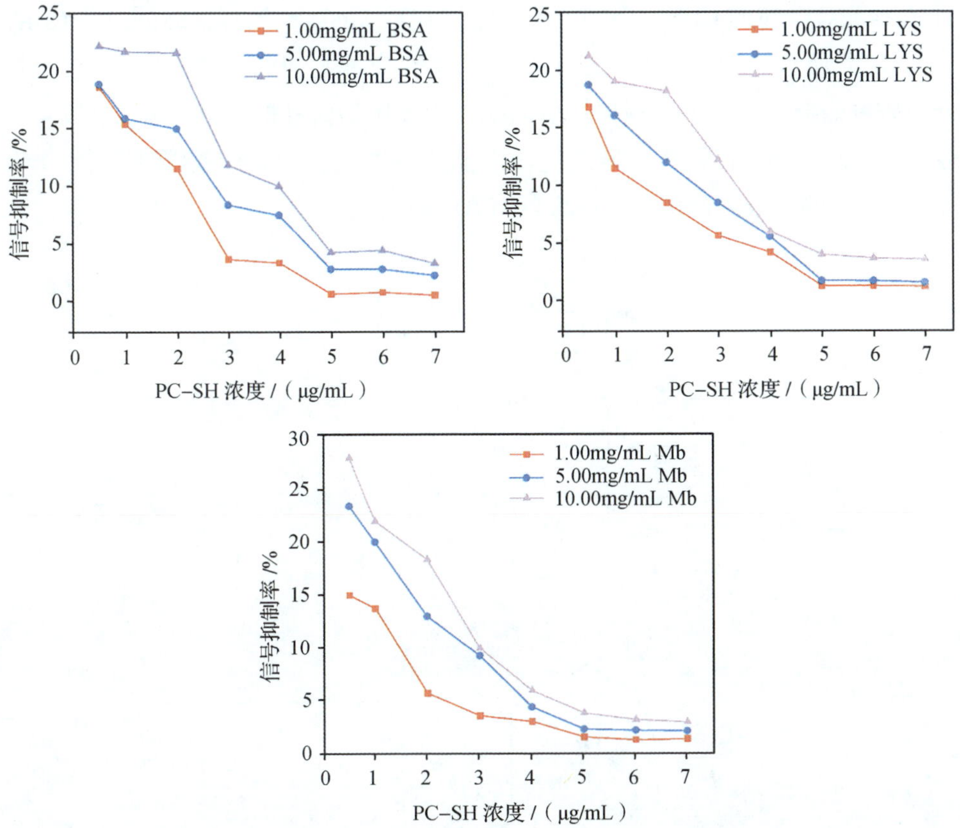

图 3-42　不同 BSA、LYS 和 Mb 溶液中 PC-SH 的浓度优化

将不同传感表面在不同模拟体系（单一蛋白质、糖类溶液）和稀释后的实际食品样品（牛乳、酱油和玉米粉）中孵育 30min，并分析 DPV 信号的变化，研究该适配体传感器的抗污性能。模拟体系包括 3 种浓度（1.0，5.0，10.0mg/mL）的 3 种不同电荷的蛋白质（带负电荷的 BSA、带正电荷的 LYS 和带中性电荷的 Mb）溶液和 4 种不同的糖溶液，即葡萄糖（Glu）、乳糖（Lac）、蔗糖（Suc）和淀粉（Sta）。牛乳、酱油和玉米面粉提取物的稀释倍数为 1.0%、5.0%、10.0%、20.0% 和 30.0%（采用 pH 7.4，20mmol/L 的 PBS 稀释）。测试后使用超纯水冲洗以去除黏附不牢固的蛋白质以及糖类等物质，对比孵育前（I_0）后（I）的 DPV，并计算 DPV 信号抑制率。图 3-43 显示，修饰表面在不同浓度的单一蛋白质溶液、不同分子质量的糖类物质溶液及不同实际样品中的 DPV 信号变化明显小于未修饰的 GCE，即 PC-SH/β-Bi_2O_3-Au/GCE 的 DPV 信号变化

明显小于未修饰的 GCE，表明 PC-SH/β-Bi_2O_3-Au/GCE 具有良好的抗污性能。如图 3-44 所示，通过柱状图进一步总结了在 3 种不同电荷蛋白质、4 种不同分子质量的糖类和 3 种稀释样品溶液中孵育前后的信号抑制率，可以发现 PC-SH/β-Bi_2O_3-Au/GCE 具有优异的抗污性能。特别是在 1% 的酱油溶液中，PC-SH/β-Bi_2O_3-Au/GCE 的信号抑制率低至 0.9%。

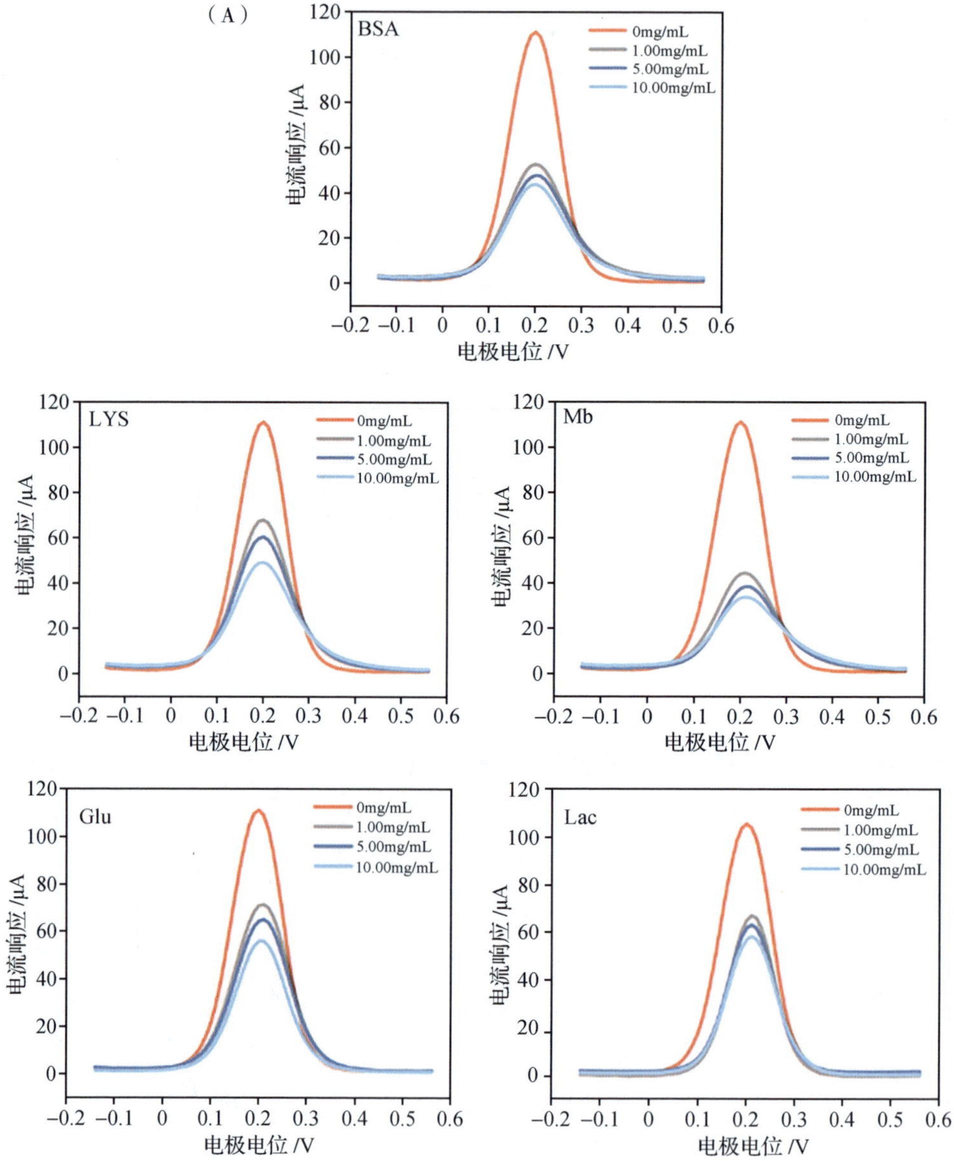

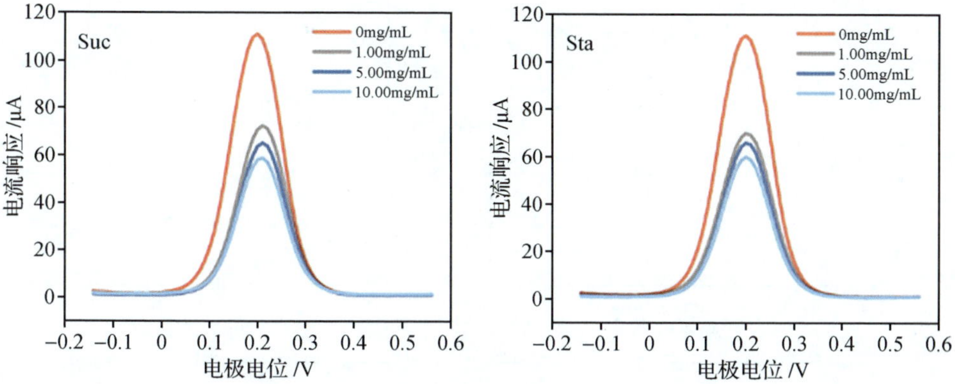
Suc
Sta
0mg/mL
1.00mg/mL
5.00mg/mL
10.00mg/mL
电流响应 /μA
电极电位 /V

（B）

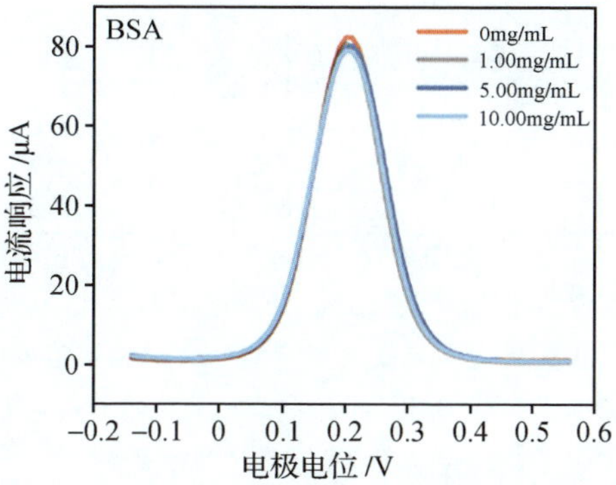
BSA
0mg/mL
1.00mg/mL
5.00mg/mL
10.00mg/mL
电流响应 /μA
电极电位 /V

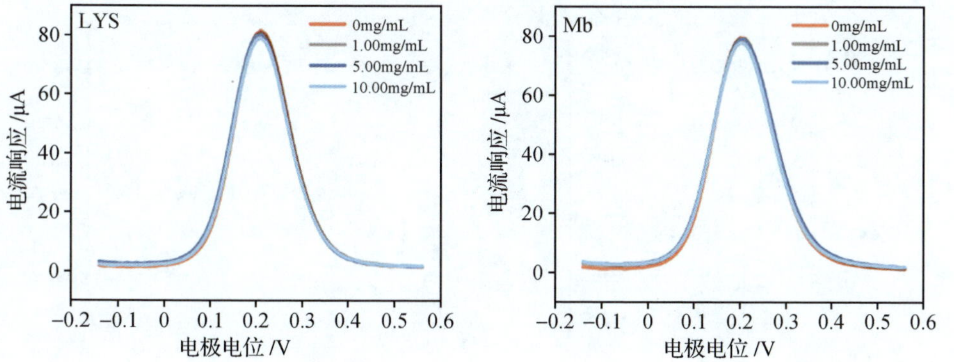
LYS
Mb
0mg/mL
1.00mg/mL
5.00mg/mL
10.00mg/mL
电流响应 /μA
电极电位 /V

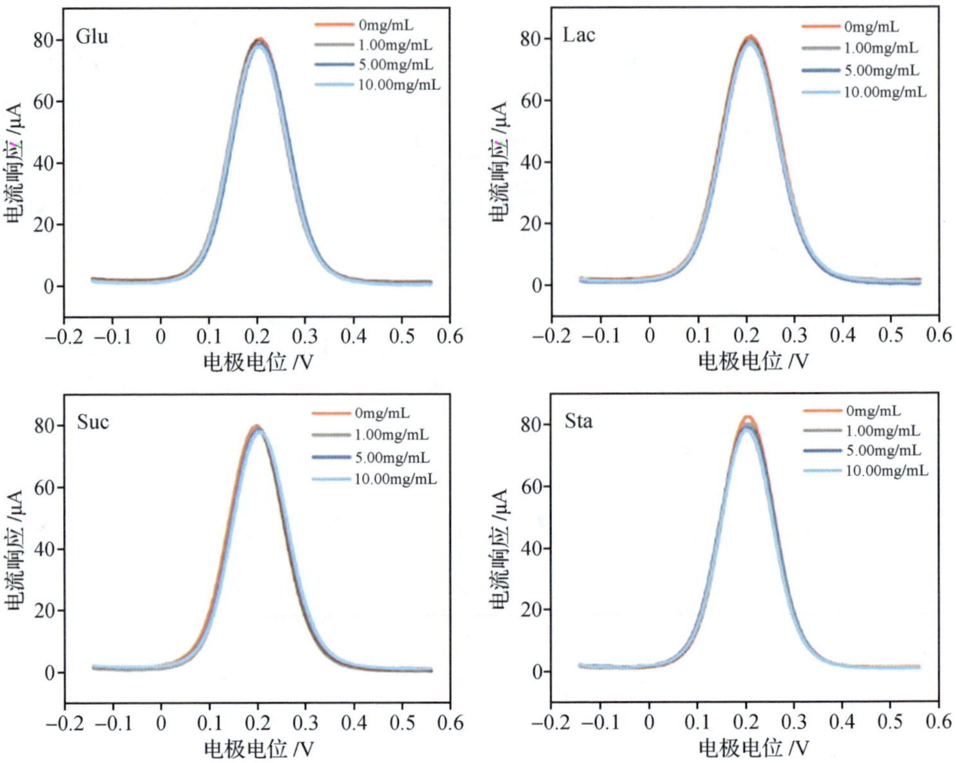

图 3-43　在不同浓度蛋白质溶液、糖溶液、食品提取溶液中浸泡后 GCE（A）和 PC-SH/β-Bi_2O_3-Au/GCE（B）的 DPV 响应曲线

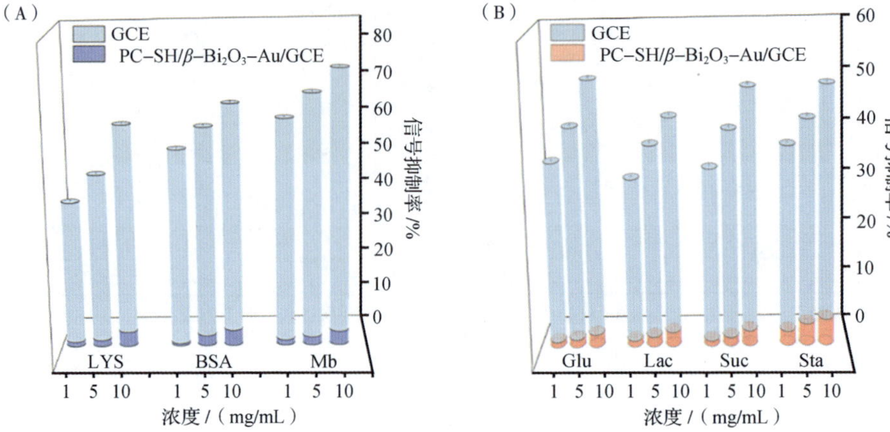

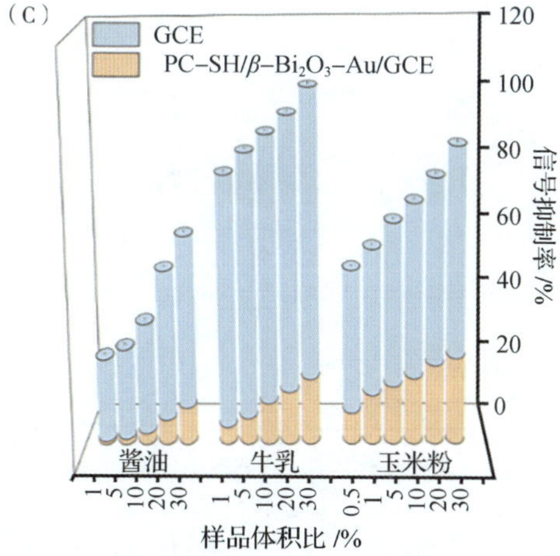

图 3-44 GCE 和 PC-SH/β-Bi_2O_3-Au/GCE 浸入不同蛋白质溶液（A）、不同糖溶液（B）和不同食品（C）后的信号抑制率

3.2.2 传感器性能评价及在牛乳、酱油和玉米粉中黄曲霉毒素 B_1 检测的应用

3.2.2.1 黄曲霉毒素 B_1 测定

对所制备的传感器识别 AFB_1 的效果进行了评估。制备了 GCE、β-Bi_2O_3-Au/GCE、PC-SH/β-Bi_2O_3-Au/GCE 和 Apt-PC-SH/β-Bi_2O_3-Au/GCE，并将其浸泡在 10ng/mL AFB_1 溶液中 30min，以研究其识别 AFB_1 的能力。如图 3-45 所示，AFB_1/GCE、AFB_1/β-Bi_2O_3-Au/GCE 和 AFB_1/PC-SH/β-Bi_2O_3-Au/GCE 的电流信号变化不大，而 AFF_1/Apt-PC-SH/β-Bi_2O_3-Au/GCE 的电流信号发生了显著变化，表明适配体实现了对 AFB_1 的有效捕获。

为了更好地捕获 AFB_1，本研究进一步对适配体的孵育浓度和温度进行了优化。将不同浓度适配体（0，1.0，2.0，3.0，4.0，5.0μmol/L ）修饰的电极分别浸泡在 10.0ng/mL AFB_1 标准溶液。如图 3-46 所示，适配体浓度从 1.0μmol/L 增加到 3.0μmol/L，DPV 信号呈现下降趋势，在 4.0μmol/L 之后趋于平缓，因此，选择 4.0μmol/L 作为后续实验的最佳适配体浓度。如图 3-47 所示，当孵育温度为 37℃时，信号抑制率变化最大，故把 37℃作为 Apt 识别 AFB_1 的最适孵育温度。在最佳条件下，ΔI 与 AFB_1 的对数浓度在 0.005~10.0ng/mL 范围内呈现良好的线性关系。线性拟合函数为 $\Delta I=I_0-I=5.58\lg c+13.97$，$R^2$ 为 0.998，检出限为 0.1pg/mL（S/N=3）（图 3-48、图 3-49）。

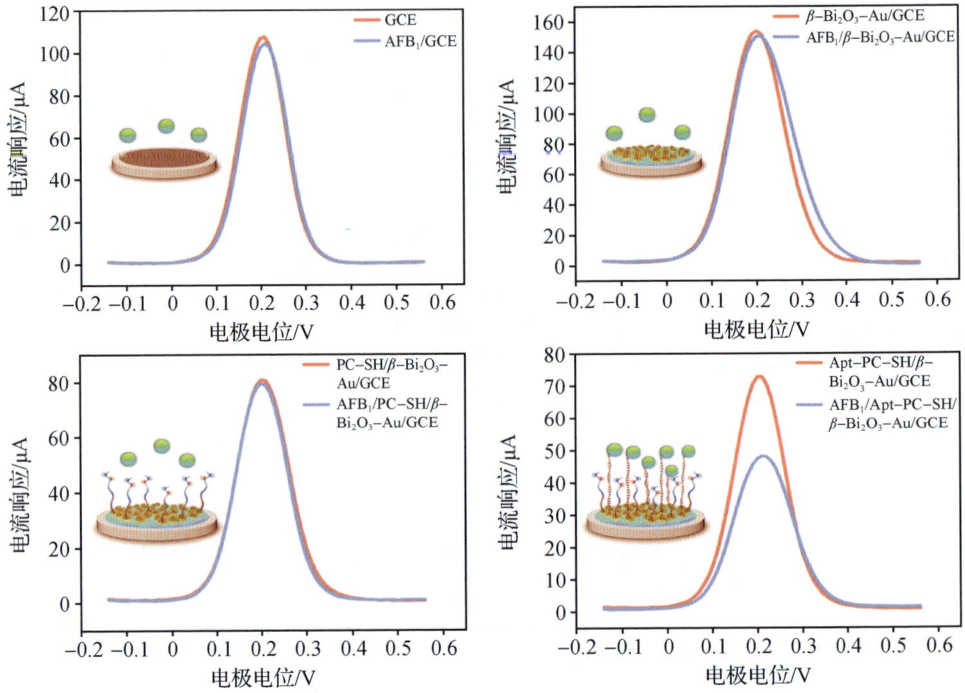

图 3-45　在 10ng/mL 的 AFB_1 溶液中孵育后不同电极表面的 DPV 响应曲线

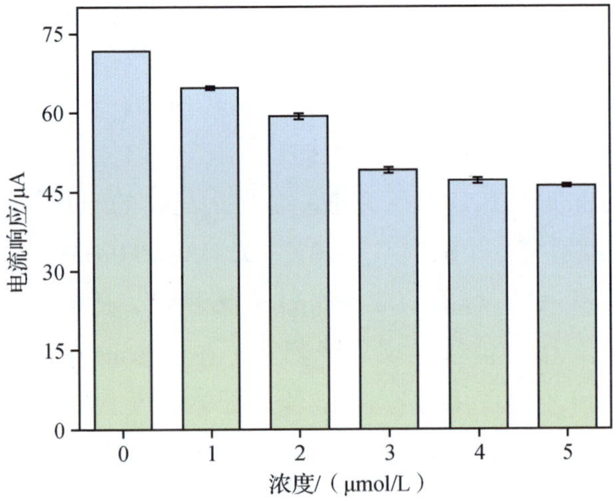

图 3-46　适配体浓度的优化

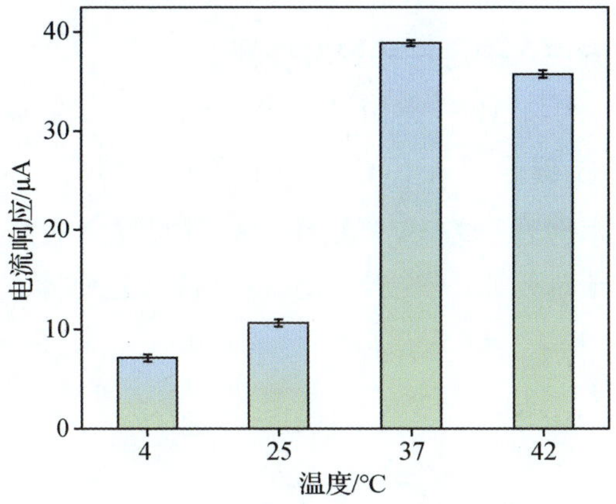

图 3-47 适配体孵育温度的优化

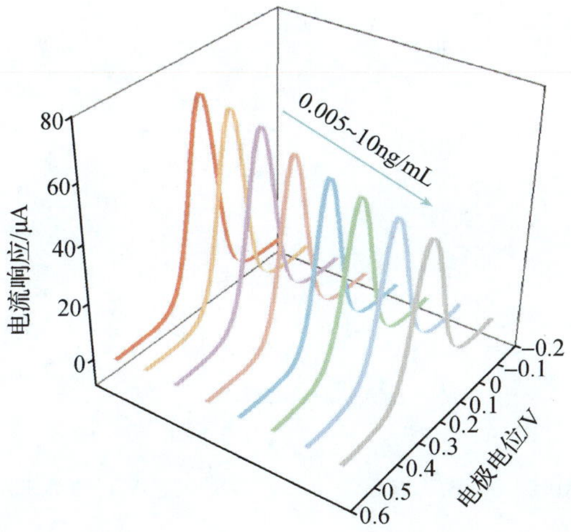

图 3-48 适配体在不同浓度的 AFB_1（0.005~10.0ng/mL）中孵育后的 DPV 曲线

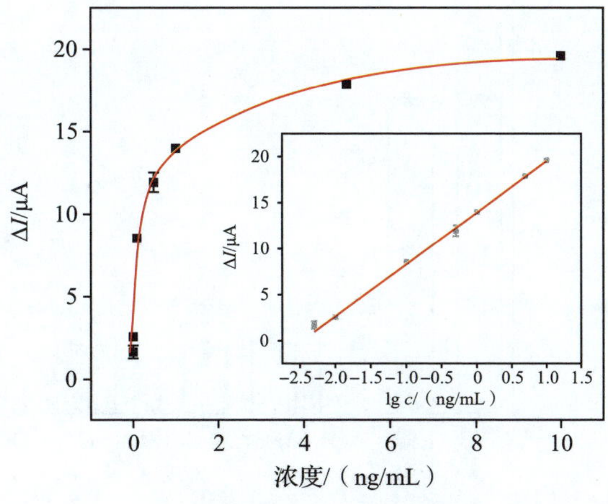

图 3-49 适配体在不同浓度的 AFB_1 孵育后的 ΔI

（插图：拟合的线性曲线）

3.2.2.2 特异性、稳定性和重复性测试

本研究选择结构与 AFB_1 类似及常见其他毒素（图 3-50），包括黄曲霉毒素 B_2（AFB_2）、赭曲霉毒素 A（OTA）、玉米赤霉烯酮（ZEN）、脱氧雪腐镰刀菌烯醇（DON）、黄曲霉毒素 G_1（AFG_1）和黄曲霉毒素 G_2（AFG_2），进一步考察该传感器的特异性。如图 3-51 所示，尽管其他毒素的浓度比 AFB_1 高 100

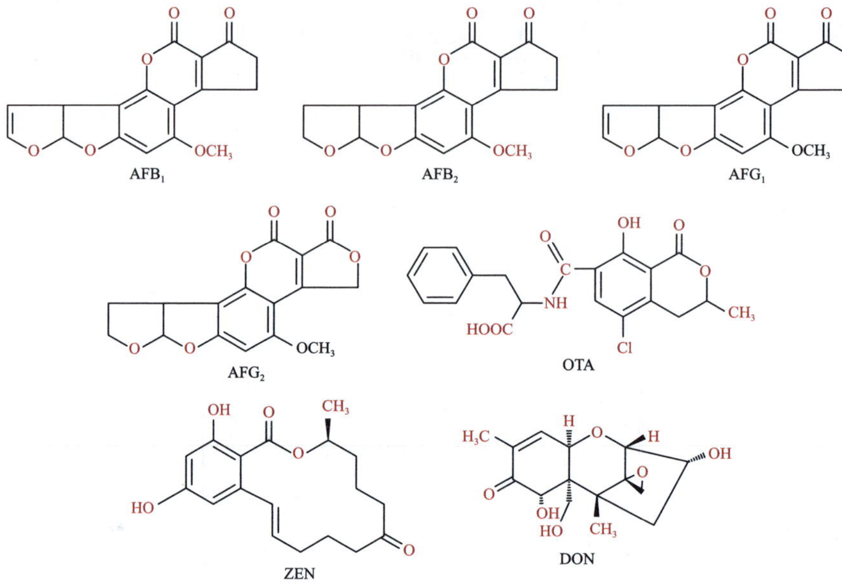

图 3-50　AFB_1、AFB_2、OTA、ZEN、DON、AFG_1、AFG_2 的化学结构式

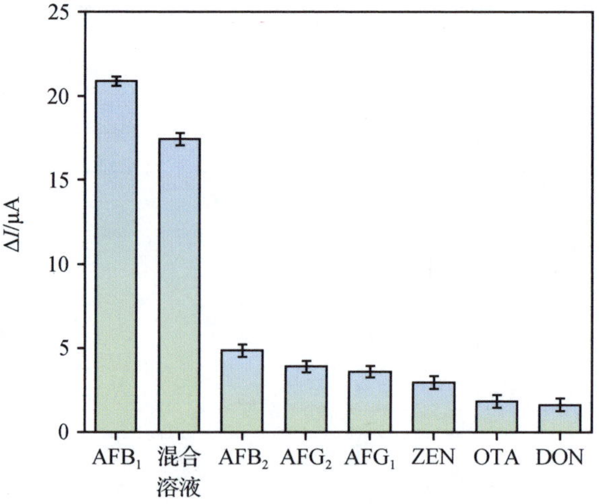

图 3-51　所构建的抗污电化学适配体传感器的特异性测试

倍，但所制备的适配体传感器只对 AFB_1 敏感，表明该适配体传感器具有良好的特异性。为了评价所构建的传感器的重复性，在相同条件下制备了 7 支经过修饰的电极用于同一浓度（10.0ng/mL）的 AFB_1 进行检测。计算测量结果的 RSD 为 1.67%，表明所构建的适配体传感器具有良好的可重复性（图 3-52）。在 -0.2~0.6V 范围内，通过连续 CV 进一步评估了该适配体传感器的测试稳定性。如图 3-53 所示，经过连续测量后，CV 曲线中没有明显的变化，这表明了所制备的抗污电化学适配体传感器具有很强的电化学稳定性。此外，还研

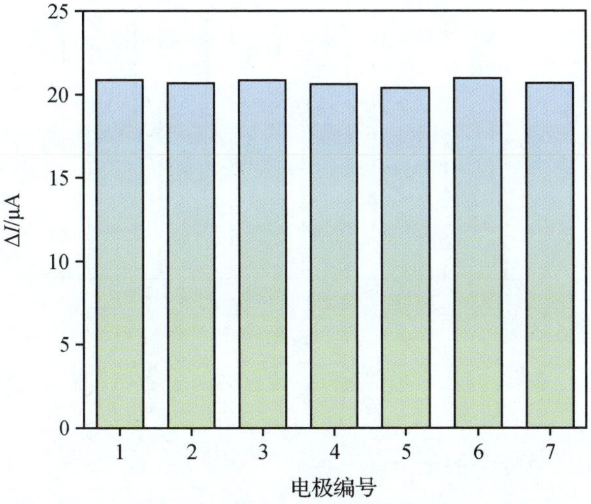

图 3-52 电化学适配体传感器的重复性测试

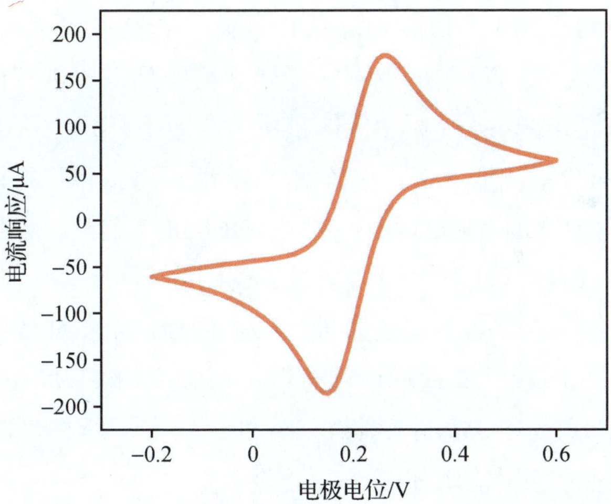

图 3-53 在 5mmol/L［$Fe(CN)_6$］$^{3-/4-}$ 中电化学适配体传感器进行连续 CV 扫描的电流变化

究了该适配体传感器的长期稳定性。将适配体传感器放置在 20mmol/L PBS 中，于 4℃冰箱进行保存，每天进行 DPV 检测。如图 3-54 所示，所构建的传感器的响应信号在第 6d 仍然保持在原始信号的 95.97%，表明所构建的传感器储存 6d 内具有良好的稳定性。

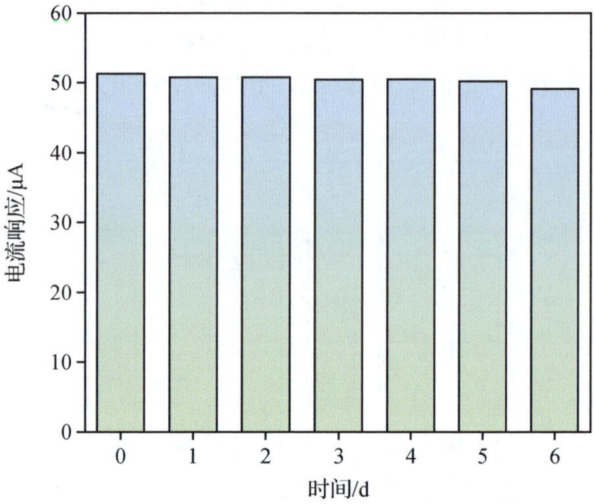

图 3-54　电化学适配体传感器保存稳定性测试

3.2.2.3　实际样品分析

为了评估 Apt-PC-SH/β-Bi_2O_3-Au/GCE 的实用性，本研究进行了加标回收实验验证。选择 3 种实际样品（牛乳、酱油和玉米面粉），并在每个样品中添加 3 个浓度的 AFB_1（0.1，0.5，1.0ng/mL）。除了玉米面粉，牛乳和酱油在检测 AFB_1 之前只需要进行简单的稀释，玉米面粉样品需要进行简单的提取，即将玉米面粉溶解在甲醇 / 水（7∶3，体积比）溶液中，并经超声波处理 10min，在 5000r/min 的条件下离心 5min，然后取上清液，再稀释。将该适配体传感器浸泡在含有不同浓度的 AFB_1（0.1，0.5，1.0ng/mL）的样品溶液中 30min，记录孵育前后 DPV 信号，计算 3 种食品样品的回收率。最后，对同一样品使用商品化的酶联免疫（ELISA）试剂盒进行同步检测，来验证传感器所得到的检测结果。如表 3-3 所示，该适配体传感器的回收率为 91.9%~107.4%，与商业试剂盒的结果（81.3%~104.6%）具有一致性，证实了所提出的电化学适配体传感器在实际样品检测中的准确性和可行性。

表 3-3　抗污电化学传感器和 ELISA 试剂盒在食品样品检测中的加标回收率

样品	加标浓度 /（ng/mL）	抗污电化学适配体传感器		ELISA 试剂盒	
		测量浓度 /（ng/mL）	回收率（平均值 ± RSD，n=3）/%	测量浓度 /（ng/mL）	回收率（平均值 ± RSD，n=3）/%
玉米面粉	0.10	0.10	103.9± 0.4	0.09	88.8±0.9
	0.50	0.49	98.8±2.1	0.52	104.6±2.1
	1.00	0.94	93.5±0.5	0.91	90.4±1.6
牛乳	0.10	0.09	102.3±1.5	0.08	82.7±1.2
	0.50	0.50	101.2±0.6	0.44	87.4±1.0
	1.00	0.97	96.8±2.3	0.92	91.1±1.3
酱油	0.10	0.11	107.4±4.2	0.08	81.3±0.5
	0.50	0.46	91.9±3.8	0.43	85.8±0.6
	1.00	0.97	97.3±0.4	0.82	82.1±1.4

3.3　基于多巴胺诱导甲基丙烯酸磺基甜菜碱一步共沉积技术的抗污电化学适配体传感器的构建及应用

受贻贝黏液蛋白启发的聚多巴胺（PDA）涂层在表面改性方面具有独一无二的优势，其能够黏附于各种有机和无机材料的表面[82]。多种 PDA 与两性离子材料联用策略已被报道，这些策略虽然有效，但往往需要复杂的化学合成或聚合反应，在抗污传感表面适用性不高。曾有研究报道，多巴胺（DA）在自聚的过程中可产生自由基，从而可引发烯类单体聚合[83，84]，如图 3-55 所示，DA 分子在碱性条件下，经过分子内环化、电子转移等过程形成半醌自由基，半醌自由基可作为引发聚合反应的“活性种”，也可偶联其他的 DA 分子，在甲基丙烯酸磺基甜菜碱（SBMA）单体存在的情况下，最终形成 PDA-PSBMA 共聚物，并黏附在基底表面[85]。该简单的策略为基于两性离子聚合物的抗污传感器的构建提供了新思路。此外，PDA 分子中各种高反应活性的官能团为抗体、适配体等生物识别元件的固定创造了条件[86-87]。

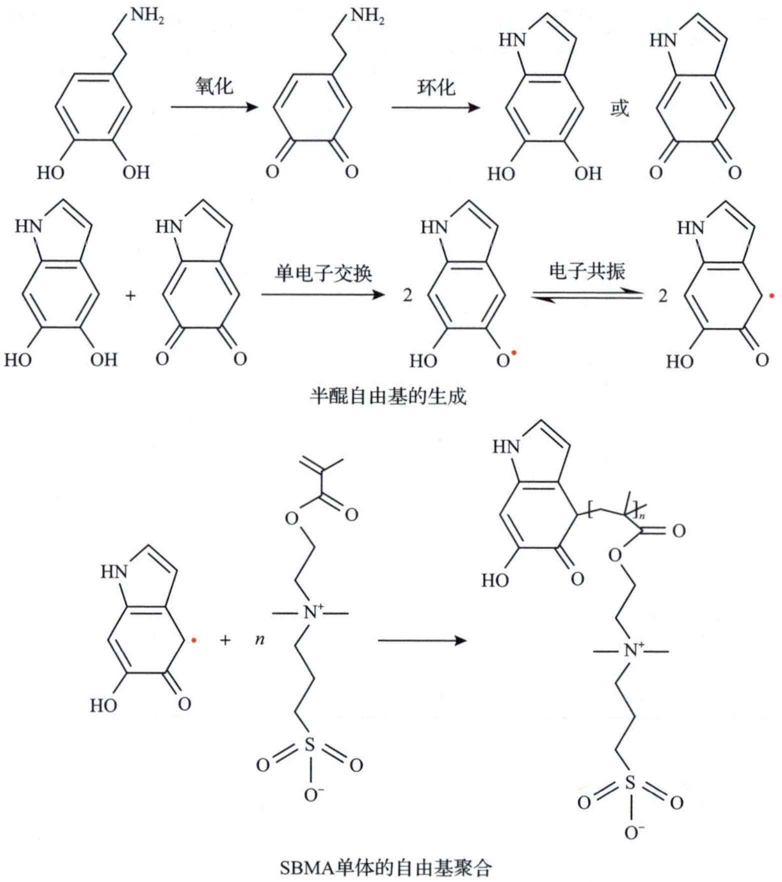

图 3-55　可能的 DA 引发 SBMA 单体聚合的机理

本实验基于上述策略在 GCE 表面构建了 PDA-PSBMA 共聚物作为抗污层，然后利用迈克尔加成反应实现了 TC 适配体的共价连接。基于 TC 与传感器的结合会引起电流信号的变化，建立了目标物浓度与电流信号之间的线性关系，构建了 TC 的抗污传感器并评估其抗污性能以及传感分析的各项性能。

3.3.1　基于多巴胺诱导甲基丙烯酸磺基甜菜碱一步共沉积技术的抗污电化学适配体传感器的构建

3.3.1.1　相关溶液的配制

多巴胺 - 两性离子沉积液的配制：该溶液为含有 2.0mg/mL DA 单体和 50.0mg/mL SBMA 单体的 Tris-HCl 缓冲溶液（pH 8.5，50.0mmol/L ）。由于 DA

单体在碱性条件下容易发生聚合，故多巴胺 - 两性离子沉积液应现用现配。

实验中所用的单一蛋白质溶液、TC 标准液、干扰物溶液、FITC-BSA 溶液以及稀释牛乳样品均使用 pH 7.4 的 10.0mmol/L PBS 配制。

3.3.1.2 传感表面的制备与表征

（1）形貌及元素分布　本研究抗污电化学适配体传感器的构建过程如图 3-56 所示。首先，依次使用颗粒直径为 0.3μm 和 0.05μm 的氧化铝浆对 GCE 进行抛光打磨，并依次使用超纯水、无水乙醇、超纯水对打磨后的 GCE 超声清洗，得到光滑的电极表面。随后，使用高纯氮气将 GCE 吹干，将 10.0μL 多巴胺 - 两性离子沉积液滴涂于 GCE 表面，于室温下静置 4.0h 后，使用 Tris-HCl 缓冲溶液和超纯水依次冲洗以去除未反应的 DA、SBMA 单体以及结合不牢固的共聚物，得到 PDA-PSBMA 修饰的 GCE（PDA-PSBMA/GCE）。为避免沉积液蒸发，滴涂沉积液后应对 GCE 进行密封。PDA 修饰的 GCE（PDA/GCE）的制备过程中使用的沉积液不含有 SBMA 单体，其余操作与前述一致。

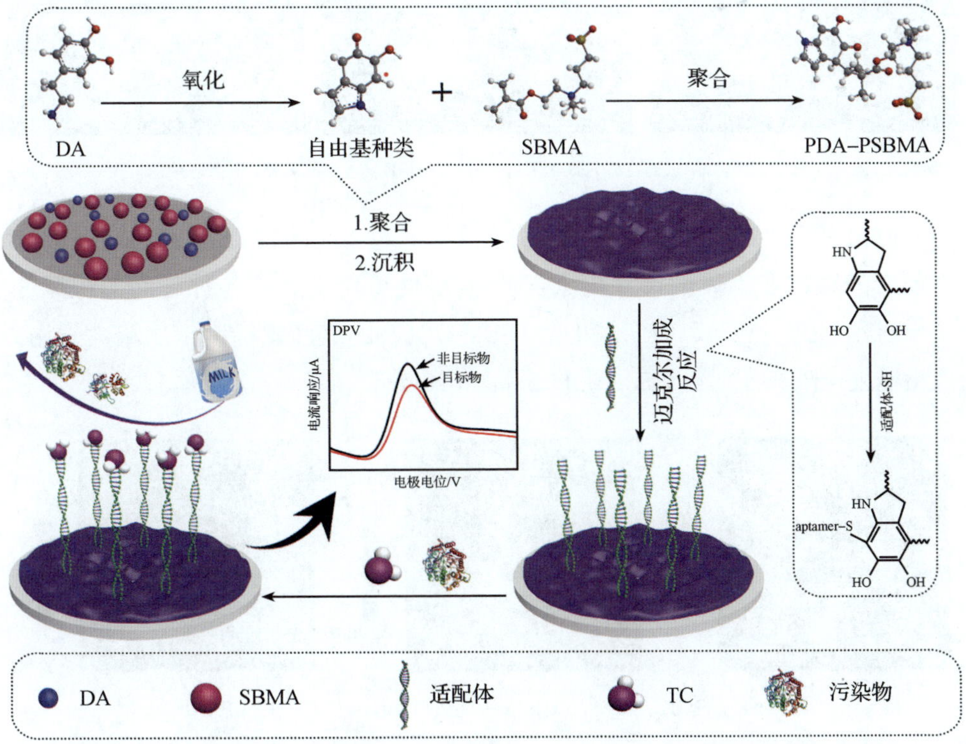

图 3-56　基于 PDA-PSBMA 共聚物的抗污电化学传感器的构建及检测示意图

将制备的PDA-PSBMA/GCE置于含有0.5μmol/L TC适配体的Tris-HCl缓冲溶液中，在4℃环境中孵育12.0h。在此过程之中，PDA分子可作为缺电子体系（迈克尔受体）与TC适配体的巯基发生迈克尔加成反应，从而实现适配体的共价连接。经超纯水冲洗后，Apt/PDA-PSBMA/GCE制备完毕。

本研究利用SEM和AFM对不同修饰电极（GCE、PDA/GCE、PDA-PSBMA/GCE）的表面形貌及粗糙度进行了表征（图3-57、图3-58）。在高放大倍数下，GCE的表面依然光滑平整，能够观察到抛光打磨的痕迹。从PDA/GCE、PDA-PSBMA/GCE的表面形貌图，可以观察到二者均为球状颗粒聚集体，但PDA-PSBMA修饰层的颗粒聚集体的尺寸远大于PDA修饰层的颗粒聚集体。这是因为PDA-PSBMA需要包含足够多的黏附位点（即PDA部分），才有足够的黏附力黏接在基底表面，所以导致黏接在GCE表面的PDA-PSBMA聚集体拥有更大的尺寸，该结果与之前的报道一致。

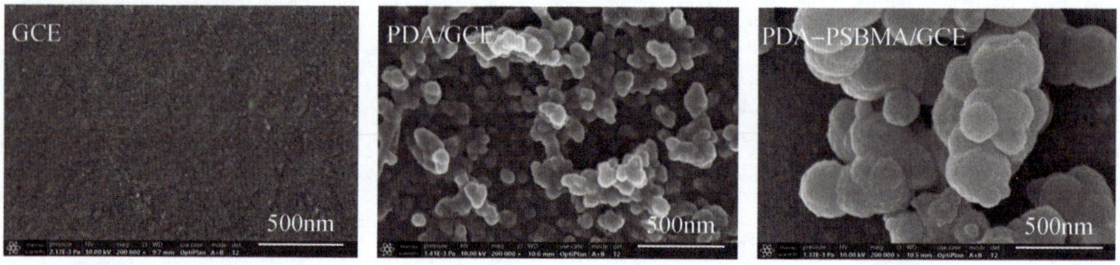

图3-57 GCE、PDA/GCE和PDA-PSBMA/GCE的SEM图像

AFM的结果与SEM显示出一致结论，图3-58同样证明了PDA-PSBMA修饰层的颗粒聚集体的尺寸更大。此外AFM可用于表征各种表面的粗糙度，结果显示GCE、PDA/GCE和PDA-PSBMA/GCE的表面粗糙度依次增大，均方根粗糙度（R_q）分别为2.3nm、11.5nm和20.4nm。

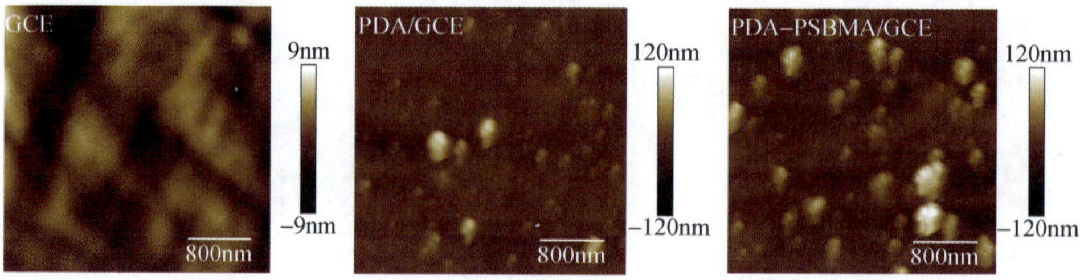

图3-58 GCE、PDA/GCE和PDA-PSBMA/GCE的AFM图像

本研究采用 EDS 表征 PDA/GCE 和 PDA-PSBMA/GCE 表面的元素组成及分布。如图 3-59 所示，在低放大倍数下，PDA 和 PDA-PSBMA 修饰层均在 GCE 表面分布均匀。硫元素的出现证明 PDA-PSBMA/GCE 成功制备，同时硫元素的均匀分布证明了两性离子 SBMA 在修饰层中均匀分布，这得益于 PDA 分子普适且强大的黏附能力，为后续优异的抗污效果奠定了坚实的基础。

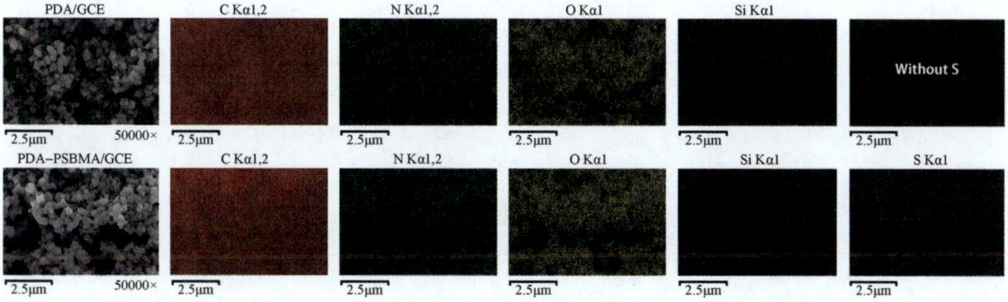

图 3-59 PDA/GCE 和 PDA-PSBMA/GCE 表面的元素分布图像

（2）表面成分分析 高分辨 XPS 测试的元素及轨道如下：C_{1s}、N_{1s} 和 S_{2p}。所得 XPS 数据均将外源污染碳的 C_{1s} 峰的位置校正为 284.8eV，以进行荷电补偿。图 3-60 记录了 PDA/ITO 和 PDA-PSBMA/ITO 的 XPS 全谱数据，PDA-PSBMA/ITO 的 XPS 曲线在 168.0eV 处出现了明显 S_{2p} 的峰，这归属于 SBMA，证明了 PDA-PSBMA 成功修饰。如图 3-61 所示，PDA/ITO 和 PDA-PSBMA/ITO 的 N_{1s} 高分辨 XPS 谱图在 400.0eV 处均有明显的峰，是由 C—N 造成的。

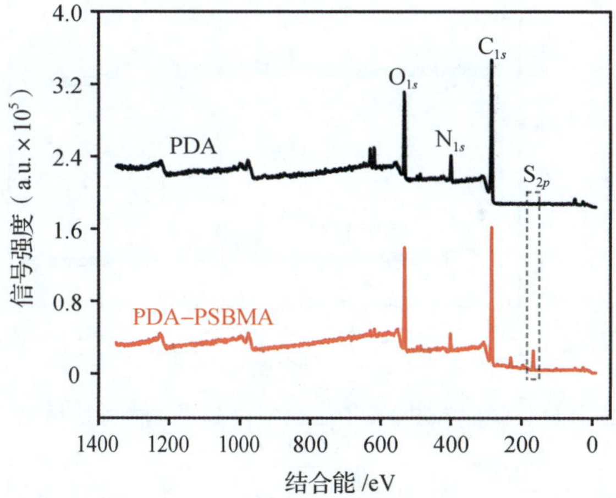

图 3-60 PDA/ITO 和 PDA-PSBMA/ITO 的 XPS 谱图

与 PDA/ITO 不同的是，PDA-PSBMA/ITO 的 N_{1s} 高分辨 XPS 谱图中在 402.5eV 出现了强吸收峰，归属于 PSBMA 的季铵基团。如图 3-62，PDA/ITO 的 C_{1s} 高分辨 XPS 谱图中位于 284.5eV、285.9eV 和 287.8eV 的峰分别归属于 C—C、C—O/C—N 和 C＝O。PDA-PSBMA/ITO 的 C_{1s} 高分辨 XPS 谱图中位于 285.9eV 的峰强度变大，且对应的三个峰向高能量偏移，可能是由于 C—S 键的引入造成的，而 C—S 归属于 PSBMA 部分。

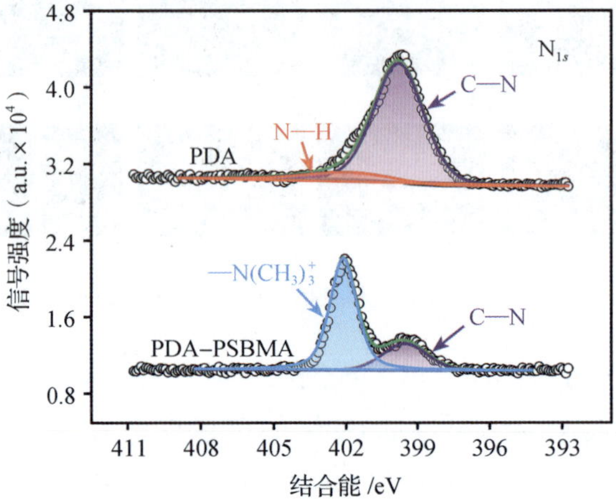

图 3-61　PDA/ITO 和 PDA-PSBMA/ITO 的 N_{1s} 高分辨 XPS 谱图

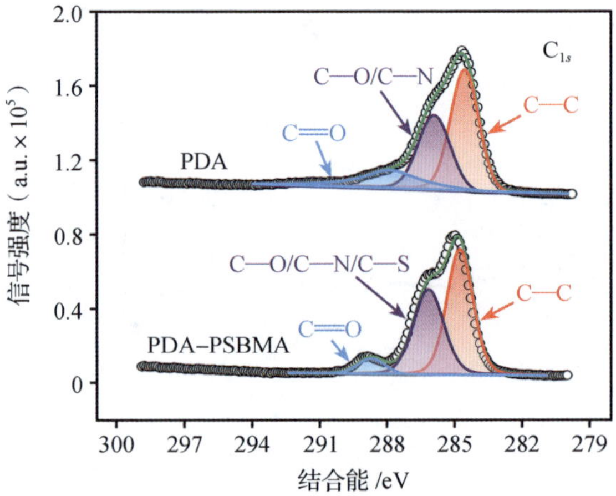

图 3-62　PDA/ITO 和 PDA-PSBMA/ITO 的 C_{1s} 高分辨 XPS 谱图

PDA-PSBMA 的 S_{2p} 高分辨 XPS 图谱（图 3-63）可拟合为 $S_{2p3/2}$（167.5eV）和 $S_{2p1/2}$（168.7eV），表明存在磺酸根（$—SO_3^-$），证明了 PSBMA 部分的存在。此外，$—SO_3^-$ 的峰面积与季铵（402.5eV）的峰面积之比为 1∶1.07，十分接近 SBMA 分子中 S 原子与 N 原子的化学计量数之比（即 1∶1）。以上 XPS 测试结果表明 PDA-PSBMA 成功制备并修饰在了电极表面。

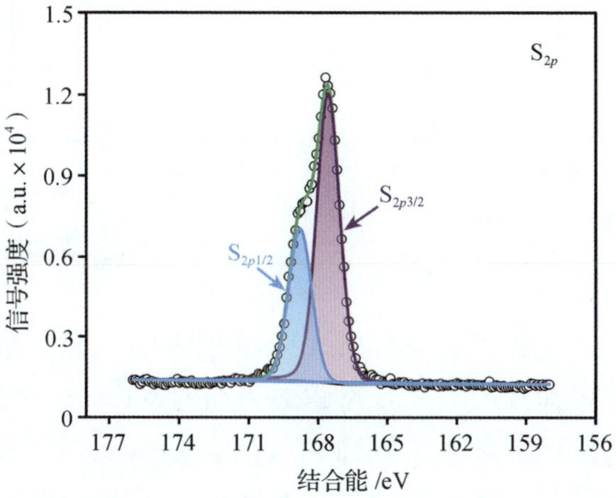

图 3-63　PDA-PSBMA/ITO 的 S_{2p} 高分辨 XPS 谱图

如图 3-64 所示，PDA/ITO 的红外谱图中仅能观察到一些难以分析的小峰，而 PDA-PSBMA/ITO 的红外光谱图则可观察到一系列明显的特征峰。考虑到红外信号的强度和清晰度的明显差异，故猜测两性离子部分（即 PSBMA）是 PDA-PSBMA 修饰层的主要组成部分。位于 $1031cm^{-1}$ 和 $1720cm^{-1}$ 处的吸收峰分别由 C—O 和 C＝O 的伸缩运动引起，而位于 $1160cm^{-1}$ 的红外特征峰则来自于 S＝O 的不对称伸缩运动。此外，在 $720~960cm^{-1}$ 波数范围内，PDA-PSBMA/GCE 的红外谱图出现了一系列的小吸收峰，这些吸收峰可归因于 C—H 的弯曲振动和剪切运动以及 C—S 的伸缩运动。此外，虽然红外测试在真空条件下进行，PDA-PSBMA/GCE 的红外谱图中依然能够观察到一个位于高波数的宽峰（$3250~3600cm^{-1}$），这是水分子的特征峰，说明 PDA-PSBMA 共聚物与其表面的水分子结合非常紧密。与其相反，在真空测试条件下，PDA 修饰层的红外光谱中观察不到水分子的特征峰。ATR-FTIR 不仅从特征官能团的角度证明了由 DA 诱导 SBMA 单体一步引发聚合共沉积技术的可行性，也证明了 PDA-PSBMA 修饰层的强亲水性。

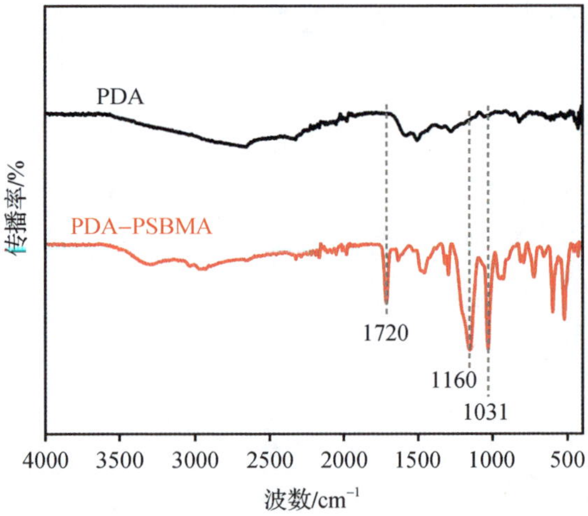

图 3–64 PDA/ITO 和 PDA–PSBMA/ITO 的衰减全反射红外谱图

（3）WCA 测试 本实验测定了 GCE、PDA/GCE 和 PDA–PSBMA/GCE 的 WCA。由图 3–65 可知，未经修饰的 GCE 表面的 WCA 为 59.5° ±1.1°，说明未经修饰的 GCE 表面相对疏水。修饰 PDA 后，WCA 有所下降（34.7° ±1.9°），这是因为 PDA 分子可以通过氢键结合少量水分子，所以略微改善了电极表面的亲水性。在 PDA–PSBMA 修饰后，电极表面的 WCA 大幅度下降，仅为 12.1° ±1.0°，这是由于 PSBMA 主要通过离子溶剂化作用结合水分子，相较于氢键，离子溶剂化作用结合的水分子更多、更紧密。此外，在实验过程中发现，当水滴与 PDA–PSBMA/GCE 表面接触时会铺展开，迅速覆盖整个电极表面，证明 PDA–PSBMA 在 GCE 表面分布非常均匀。WCA 测试进一步证明了 PDA–PSBMA/GCE 构建成功，且 PDA–PSBMA 大大改善了电极表面的亲水性，在抗污方面有很大的应用前景。

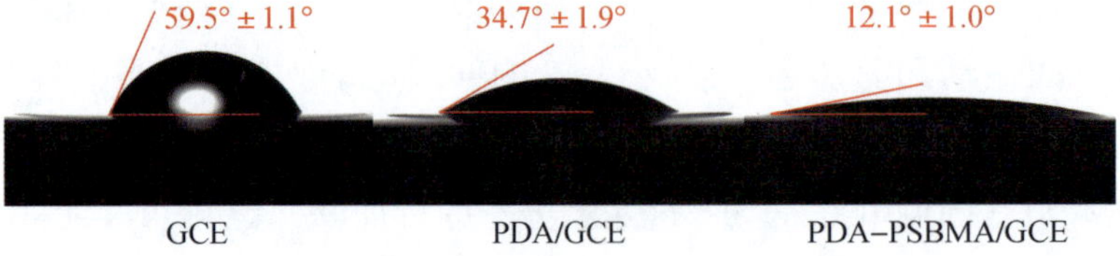

图 3–65 GCE、PDA/GCE 和 PDA–PSBMA/GCE 的 WCA 图像

（4）电化学表征及目标物识别可行性测定 为了验证所构建适配体传感器对 TC 的识别能力，故将不同修饰电极（GCE、PDA/GCE 和 Apt/PDA–

PSBMA/GCE）置于 TC（100.0ng/mL）溶液中孵育 1.0h，测量浸泡前（I_0）后（I）的 DPV 信号并计算信号抑制率。图 3-66 表明，Apt/PDA-PSBMA/GCE 构建的每一步均对应了明显的 DPV 电流信号的变化。GCE 在含有 0.2mol/L KCl 的 5.0mmol/L [$Fe(CN)_6$]$^{3-/4-}$ 溶液中的 DPV 电流信号为 326.6μA，在修饰 PDA-PSBMA 共聚物后，DPV 电流信号大幅下降，原因是 PDA-PSBMA 共聚物导电性较差，修饰在 GCE 表面后阻碍了电极表面的电子转移。TC 适配体共价连接后，DPV 电流进一步降低，主要是由于 TC 适配体几乎不导电。最终，Apt/PDA-PSBMA/GCE 的 DPV 电流信号为 19.3μA。

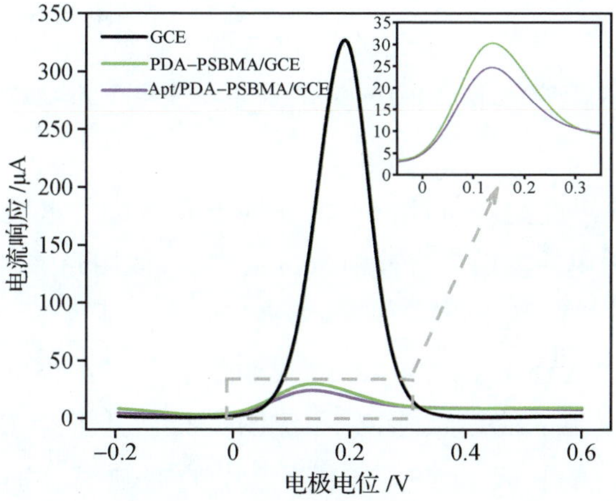

图 3-66　不同修饰电极的 DPV 信号曲线

目标物识别的可行性测试结果如图 3-67 所示，GCE、PDA-PSBMA/GCE 和 Apt/PDA-PSBMA/GCE 分别于 TC 溶液（100.0ng/mL）中孵育 1h 后，GCE 和 PDA-PSBMA/GCE 的信号抑制率分别为 0.6% 和 1.1%，与 Apt/PDA-PSBMA/GCE 相比几乎可忽略（15.4%）。Apt/PDA-PSBMA/GCE 捕获 TC 后 DPV 信号被进一步抑制，一方面是因为 TC 分子本身导电性很差，另一方面是由于适配体与 TC 结合后构象会发生变化，使其在电极表面堆积得更加紧密，这两个原因均阻碍了电极表面的电子转移。以上结果证明了 Apt/PDA-PSBMA/GCE 成功构建，并能够有效识别 TC 分子。

3.3.1.3　传感器抗污性能评价

（1）DPV 测试　选择三种带不同电荷的单一蛋白质溶液（带负电的 BSA、带正电的 LYS 和电中性的 Hb）作为模拟体系，对 GCE、PDA/GCE 和 PDA-

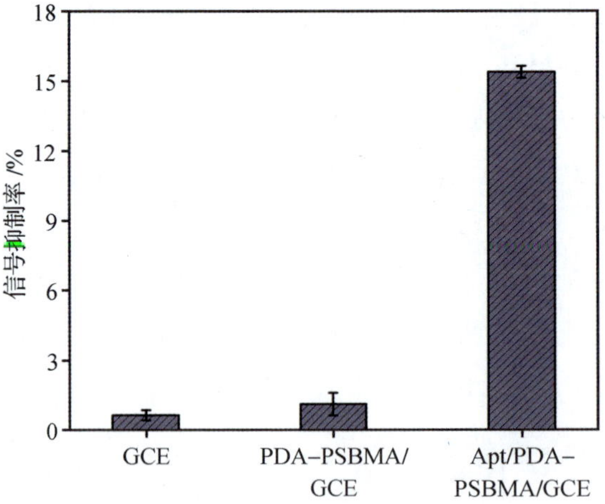

图 3-67　不同修饰电极于 100.0ng/mL TC 溶液中孵育 1h 后 DPV 信号抑制率

PSBMA/GCE 的抗污性能进行评价。将三种不同修饰的电极浸泡于 1.0，5.0，10.0mg/mL 的三种单一蛋白质溶液中 30min，随后使用超纯水冲洗去除黏附不牢固的蛋白。通过计算 DPV 信号抑制率来反映蛋白质在不同修饰电极表面的吸附量。GCE、PDA/GCE 和 PDA-PSBMA/GCE 在不同浓度的三种单一蛋白质溶液中孵育 30min 后的信号抑制率结果见图 3-68，其中 GCE 的信号抑制率最大，在 10.0mg/mL 的 BSA、LYS 和 Hb 溶液中的抑制率分别为 74.2%、57.6% 和 91.5%，这说明三种蛋白质在 GCE 表面的吸附量最大。此外，结果表明 PDA 的修饰也有一定的抵抗蛋白质非特异性吸附效果，在 10.0mg/mL BSA、LYS 和 Hb 溶液中的抑制率分别为 14.5%、17.0% 和 19.1%，但其仍然高于 PDA-PSBMA/GCE（BSA、LYS 和 Hb 分别为 8.0%、8.8% 和 8.2%）。如图 3-69 所示，PDA-PSBMA/GCE 孵育于蛋白质溶液前后 DPV 曲线形状和信号强度几乎不发生变化，证明了蛋白质在 PDA-PSBMA/GCE 表面的吸附量极低。两性离子聚合物类材料均匀的电荷分布使其整体呈现电中性，故其对不同电性的蛋白质均具有优异的抗污效果。

抗污传感表面长期暴露于高蛋白体系的稳定性对于后续传感检测至关重要，故选择了稀释牛乳（1%）和 BSA 溶液（1.0mg/mL）对抗污能力的耐久性进行了考察。将 GCE、PDA/GCE、PDA-PSBMA/GCE 浸泡于 1% 的牛乳或 BSA 溶液（1.0mg/mL）中，持续 0.5，1.5，3.5，5.5h，测定孵育前后的 DPV 电流信号以评估不同修饰电极抗污性能的耐久性。如图 3-70 所示，在 1.0mg/mL

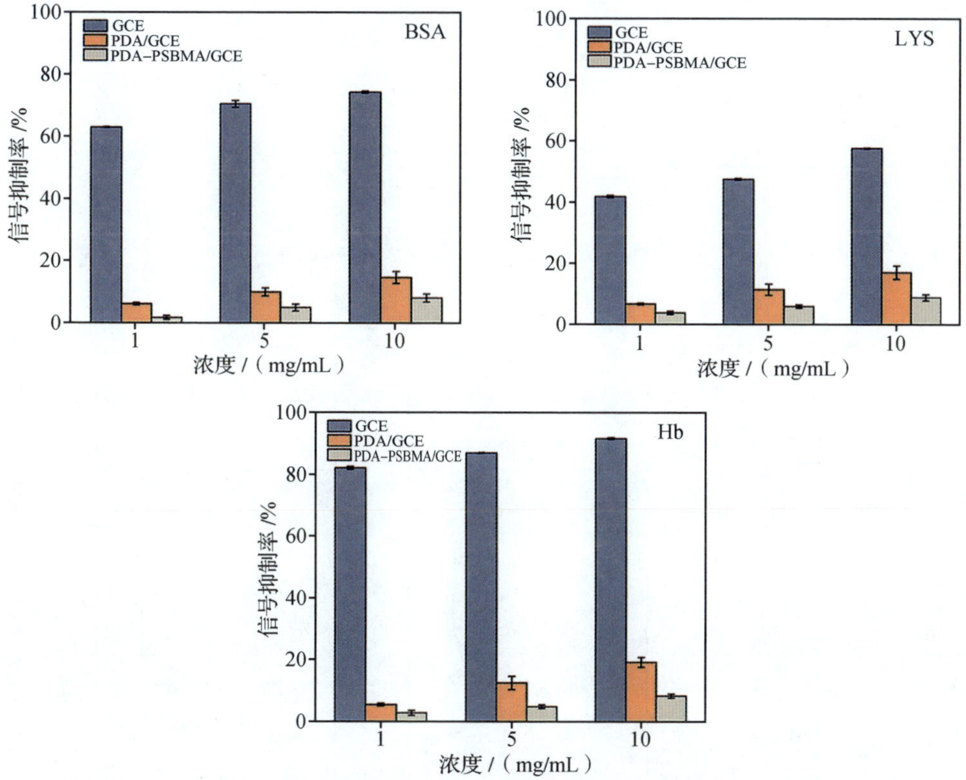

图 3-68 GCE、PDA/GCE 和 PDA-PSBMA/GCE 于不同浓度蛋白质溶液中孵育 30min 后的信号抑制率

BSA 溶液和 1% 牛乳中经过 5.5h 的浸泡，PDA-PSBMA/GCE 的信号抑制率仅为 7.0%（BSA）和 5.3%（1% 牛乳），而对照组的信号抑制率均远高于 PDA-PSBMA/GCE，结果表明 PDA-PSBMA 共聚物的抗污能力具有出色的耐久性。

真实样品的成分往往更加复杂，为了保证所构建的抗污传感器能够应用于实际样品，评估不同修饰电极在真实牛乳样品中的抗污能力，将 GCE、PDA/GCE、PDA-PSBMA/GCE 和 Apt/PDA-PSBMA/GCE 于不同稀释倍数（0.1%、1%、10%、20%，体积比）的牛乳样品中孵育 30min，同样采用 DPV 方法进行评估。所构建传感器在稀释牛乳样品中的抗污测试结果如图 3-71 所示。结果表明，GCE 仍表现出了最高的信号抑制率，而 PDA/GCE 面对复杂的食品样品基质时，抗污效果有所减弱，与 PDA-PSBMA 的差距更为明显。在 20% 的牛奶中浸泡 30min 后，PDA/GCE 和 PDA-PSBMA/GCE 的信号抑制率分别为 18.6% 和 5.5%。Apt/PDA-PSBMA/GCE 在牛乳样品中的抗污能力与 PDA-

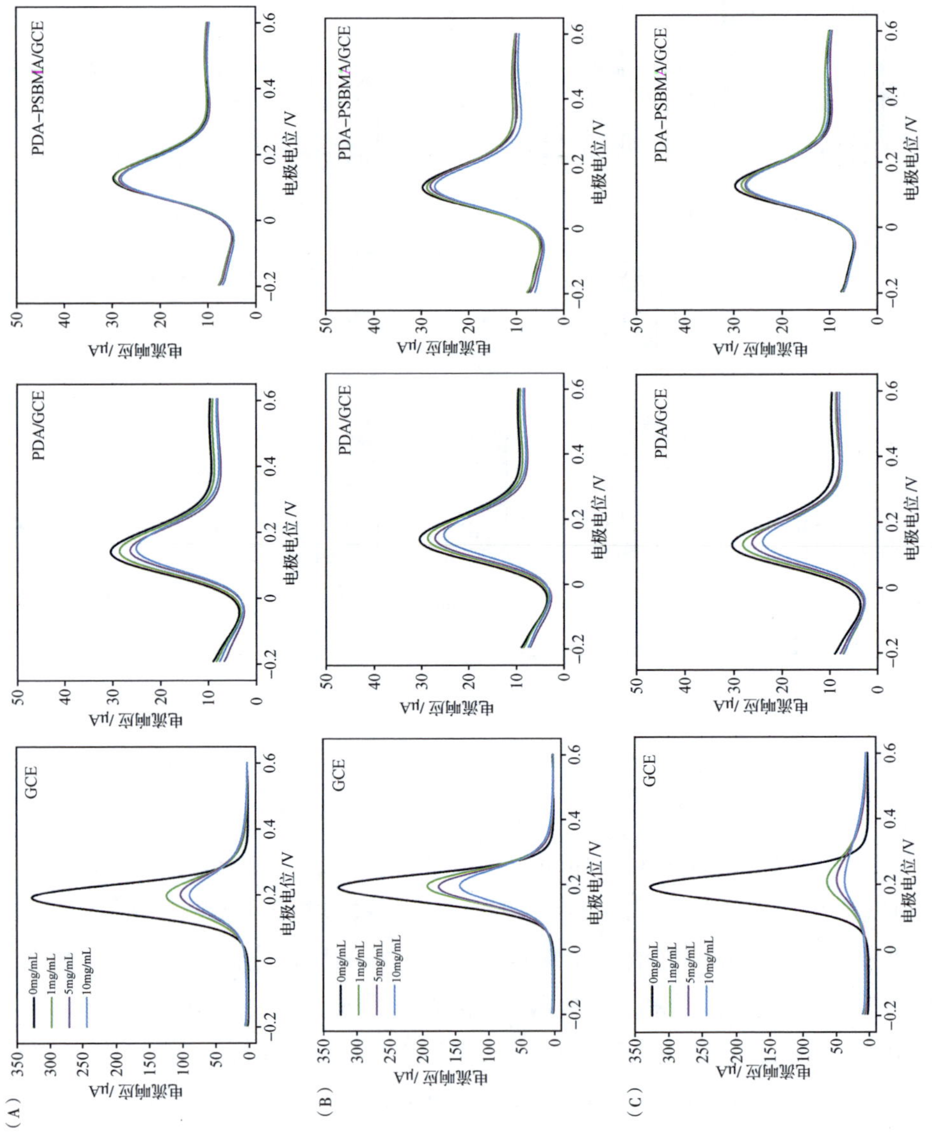

图 3-69 不同修饰电极在不同浓度的 BSA(A)、LYS(B)和 Hb(C)溶液中孵育 30min 后的 DPV 曲线

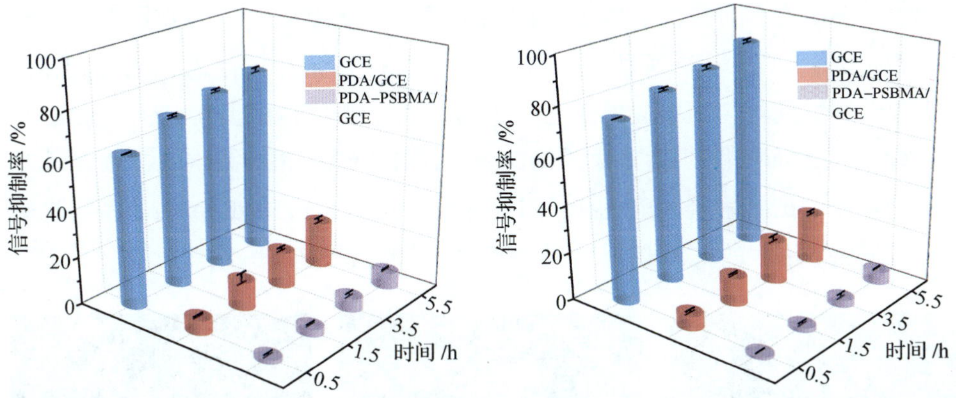

图 3–70　GCE、PDA/GCE 和 PDA–PSBMA/GCE 在 1.0mg/mL BSA 溶液（左）和 1% 牛乳（右）中抗污效果的耐久性

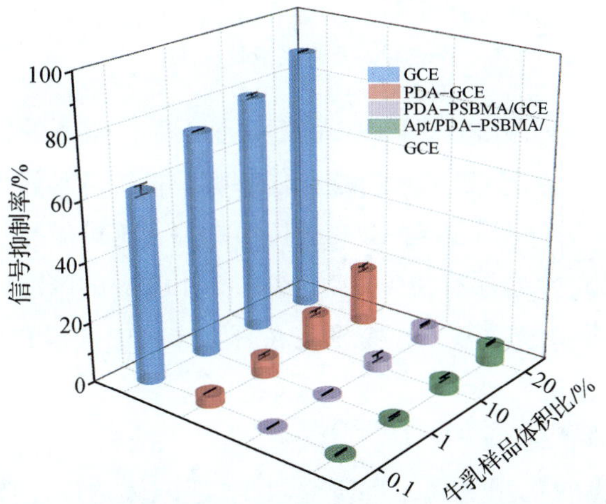

图 3–71　GCE、PDA/GCE、PDA–PSBMA/GCE 和 Apt/PDA–PSBMA/GCE 在真实牛乳样品中的抗污能力

PSBMA/GCE 相当，表明在适配体的引入基本不影响传感器的抗污性能，即所构建的传感器具备在稀释牛乳样品中检测目标物的潜力。

（2）荧光显微镜测试　FITC–BSA 可以在蓝色激光（493nm）的激发下发出绿色荧光（550nm），将不同修饰电极置于含有 1.0mg/mL FITC–BSA 的 PBS（10.0mmol/L）溶液中浸泡 1.0h 后，用大量水冲洗，干燥后将不同修饰电极置于荧光显微镜下观察并拍照。荧光强度和荧光分布的均匀程度可以直观反映 FITC-BSA 在不同修饰电极表面的黏附情况，从而反映不同修饰电极的抗污能力强弱。如图 3-72 所示，GCE 在 FITC-BSA 溶液中浸泡后，在荧光显微镜下能够观察到均匀而明显的荧光，表明其表面黏附了大量的 FITC-BSA。在 PDA/GCE 的表面仅能观察到微弱的荧光，而在 PDA-PSBMA/GCE 的表面几乎看不到荧光。结果表明，PDA-PSBMA 有效地抵抗了 FITC-BSA 的非特异性吸附，展现出了强大的抗污能力，与电化学测试的结果基本一致。

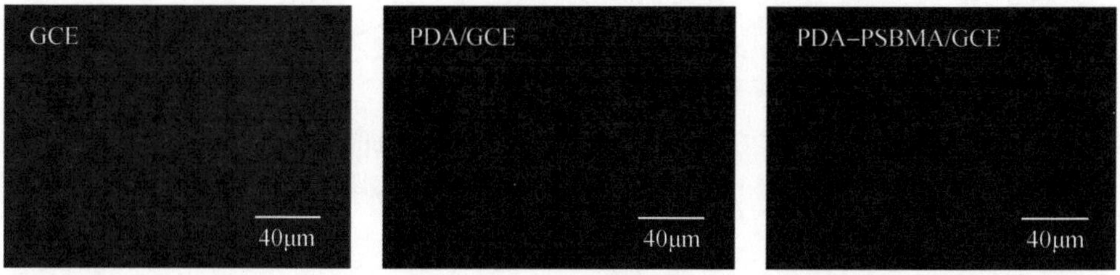

图 3-72　GCE、PDA/GCE 和 PDA-PSBMA/GCE 在 FITC-BSA 溶液中浸泡后的荧光显微镜图像

以上抗污测试均证明 PDA-PSBMA 极大地提高了 GCE 的抗污能力，这是由于 PSBMA 部分形成了致密的水合层，能够有效抵抗各种污染物的吸附。此外，PDA 也可在一定程度上改善 GCE 的抗污能力，这可能与其通过氢键结合的少量水分子形成的水合层有关（WCA 测试表明 PDA 的修饰略微改善了 GCE 表面的亲水性），但其抗污效果，特别是在真实样品中，与 PDA-PSBMA 相比还有较大差距。

3.3.1.4　条件优化

为了获得最优的检测效果，本研究对 TC 适配体浓度、传感器与目标物孵育时间进行了优化。TC 适配体浓度的优化如下，分别使用 0.1，0.3，0.5，0.7，1.0μmol/L 的适配体溶液构建抗污适配体传感器，随后将不同的 Apt/PDA-PSBMA/GCE 置于 100.0ng/mL TC 溶液中，室温下孵育 60min，根据 Apt/PDA-PSBMA/GCE 对 TC 的信号响应选择最佳适配体浓度。由图 3-73 可知，Apt/PDA-PSBMA/GCE 对 TC 的识别能力（DPV 信号抑制率）随着适配体浓度（0.1~0.5μmol/L ）的增大而增大，然后趋于平缓。因此，选择 0.5μmol/L 作为最佳适配体浓度。

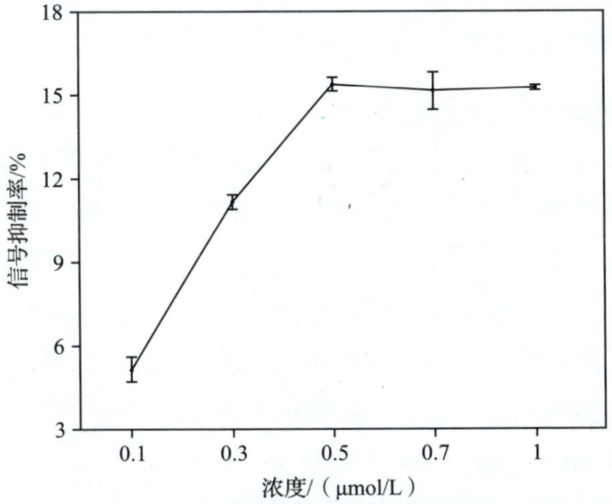

图 3-73 传感器构建过程中适配体浓度的优化

传感器与目标物孵育时间的优化如下，采用最优适配体浓度，构建 Apt/PDA-PSBMA/GCE，并置于 100.0ng/mL TC 溶液中，室温下分别孵育 15，30，45，60，75，90min，根据 Apt/PDA-PSBMA/GCE 的信号响应大小选择最优孵育时间。如图 3-74 所示，随着孵育时间从 15min 增加到 75min，传感器的信号抑制率从 4.9% 增加到 18.9%，在 75min 后几乎不再改变，表明在 75min 时，Apt/PDA-PSBMA/GCE 与 TC 之间的结合达到饱和。因此，选择 75min 作为最优孵育时间。

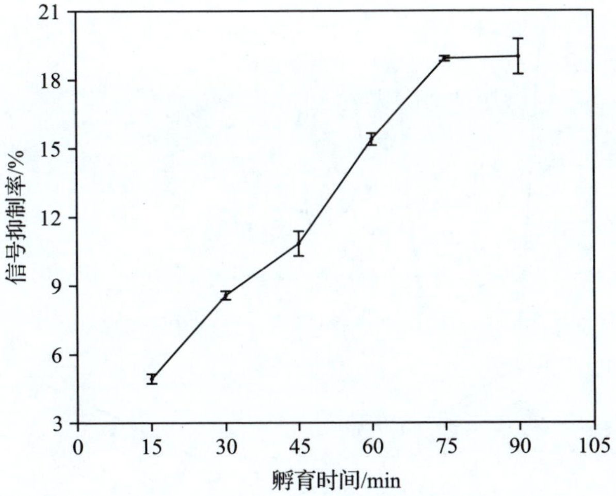

图 3-74 Apt/PDA-PSBMA/GCE 与目标物孵育时间的优化

3.3.2 传感器性能评价及在牛乳中四环素检测的应用

3.3.2.1 四环素的定量分析

在最优条件下，将 Apt/PDA-PSBMA/GCE 置于一系列不同浓度的 TC 溶液中孵育，记录孵育前后的 DPV 电流信号，并计算信号抑制率。最终建立 DPV 信号抑制率与 TC 浓度的线性关系。如图 3-75 所示，随着 TC 浓度的升高，Apt/PDA-PSBMA/GCE 的 DPV 电流信号逐渐降低。图 3-76 表明在 0.1~1000ng/mL 范围内，TC 浓度的对数与 Apt/PDA-PSBMA/GCE 的信号抑制率呈现良好的线性关系。线性拟合函数为 $\Delta I=(I_0-I)/I_0=4.11\lg c+10.65$，$R^2$ 为 0.996，计算可得最低检出限为 68.0pg/mL（$S/N=3$）。

3.3.2.2 特异性、稳定性和重复性测试

传感器对目标物具有良好的特异性是其在真实样品中应用的基础。为了评估所构建传感器的特异性，选择了 AMX、KAN、OXY 和 DOX 4 种 TC 的结构类似物以及 Glu 和 Lac 两种牛乳中常存在的物质作为干扰物，并将干扰物的浓度设置为 TC 浓度的 10 倍，即把 Apt/PDA-PSBMA/GCE 分别置于 100.0ng/mL TC 溶液、1000.0ng/mL 各类干扰物溶液中以及含有 100.0ng/mL TC 和 1000.0ng/mL 各种干扰物的混合溶液中孵育 75min，测定信号抑制率。如图 3-77 所示，Apt/PDA-PSBMA/GCE 在 100.0ng/mL TC 溶液中孵育后信号抑制率

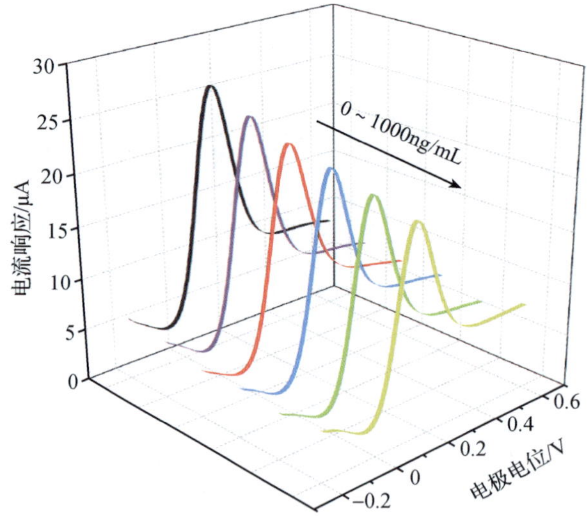

图 3-75 Apt/PDA-PSBMA/GCE 于不同浓度的 TC（0~1000ng/mL）孵育后的 DPV 曲线

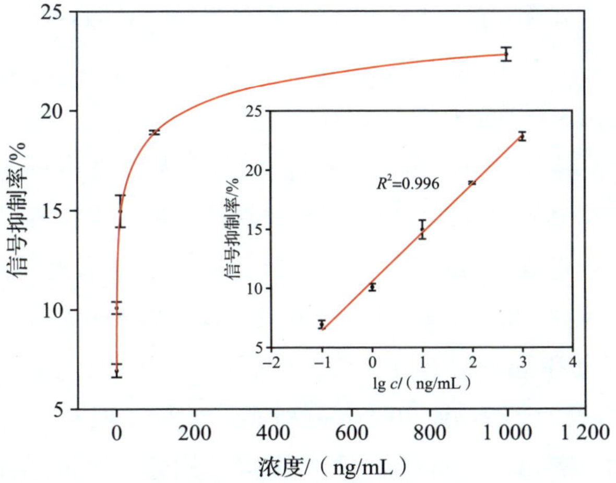

图 3-76　Apt/PDA-PSBMA/GCE 于不同浓度的 TC 孵育后的信号抑制率
（插图：拟合的线性曲线）

为 18.9%，相反，Apt/PDA-PSBMA/GCE 在浓度为目标物浓度 10 倍的干扰物溶液中孵育后，信号抑制率均在 4% 以下。DOX 和 OXY 引起的信号抑制率略高于其他干扰物，这是因为他们的分子结构与 TC 极其相似。Apt/PDA-PSBMA/GCE 在混合溶液中孵育后的信号抑制率（20.2%）与在 TC 溶液中孵育非常接近，说明 Apt/PDA-PSBMA/GCE 对目标物 TC 有很强的特异性，且具备良好的抗干扰能力。

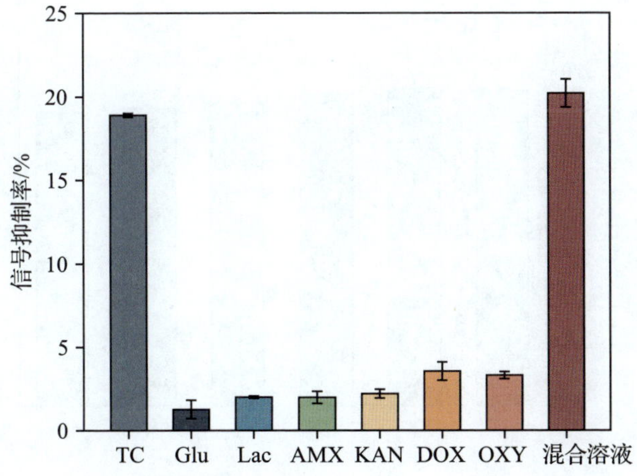

图 3-77　Apt/PDA-PSBMA/GCE 对 TC、Glu、Lac、AMX、KAN、DOX、OXY
及上述物质的混合溶液的信号响应

为了评估Apt/PDA-PSBMA/GCE的保存稳定性，将制备好的Apt/PDA-PSBMA/GCE浸泡于10.0mmol/L PBS中，并置于4℃冰箱内保存，每天使用Apt/PDA-PSBMA/GCE对100.0ng/mL TC进行定量检测。图3-78为Apt/PDA-PSBMA/GCE储存1~5d对100.0ng/mL TC检测的结果。在存储5d后，Apt/PDA-PSBMA/GCE对100.0ng/mL TC的响应信号仍保持了新构建传感器的92.9%。为了评估Apt/PDA-PSBMA/GCE的重复性，本研究采用了以下两种方法，一种使用7根不同的GCE构建Apt/PDA-PSBMA/GCE，并对100.0ng/mL的TC进行定量检测。另一种是使用同一根GCE构建传感器7次，并对100.0 ng/mL的TC进行定量检测，结果如图3-79、图3-80所示，使用7根GCE构建的传感器的检测结果的RSD为3.1%，而使用同一根GCE构建7次传感器的检测结果的RSD略低于前者，为2.6%。以上结果表明Apt/PDA-PSBMA/GCE具有优异的重复性。

3.3.2.3 实际样品分析

通过加标回收实验验证所构建传感器在真实牛乳样品中的应用性能。牛乳样品中的加标TC浓度分别为25.0，50.0，75.0ng/mL，使用10.0mmol/L pH 7.4的PBS缓冲溶液将加标样品稀释100倍，将Apt/PDA-PSBMA/GCE分别置于稀释后的加标牛乳样品中孵育75 min，并计算回收率。样品前处理流程及HPLC测定条件与3.1.2.3一致。如表3-4所示，TC的回收率为

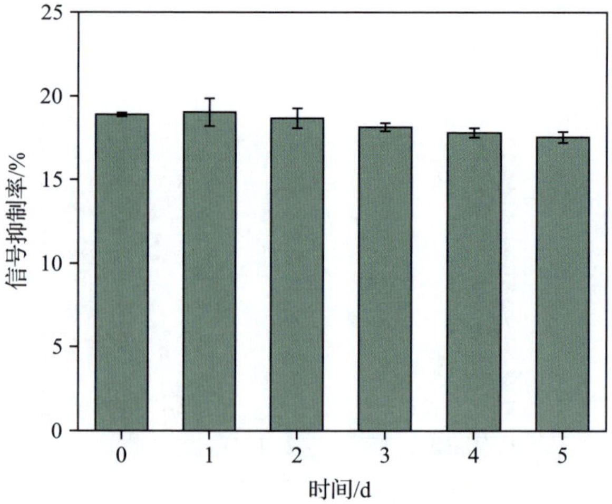

图3-78　Apt/PDA-PSBMA/GCE保存稳定性测试对100.0ng/mL TC的信号响应

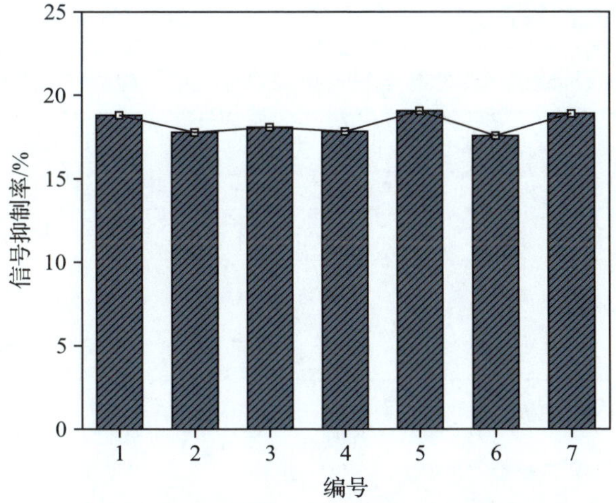

图 3-79 使用 7 根不同电极构建的传感器对 100.0ng/mL TC 的信号响应

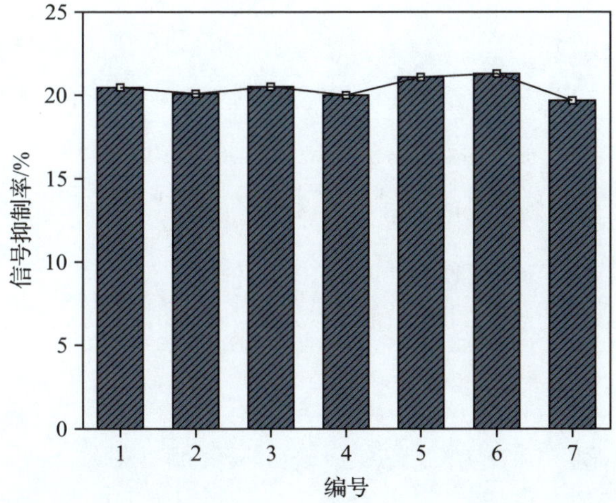

图 3-80 使用同一根电极构建 7 次传感器对 100.0ng/mL TC 的信号响应

100.0%~104.4%，RSD 小于 7.4%，而 HPLC 的回收率为 92.9%~96.7%，两种检测方法的结果基本一致。以上结果证明 Apt/PDA-PSBMA/GCE 具备在实际样品中应用的潜力。本研究中，用于电化学测试的牛乳样品仅需简单的稀释处理，即可实现良好的检测效果，这不仅得益于 PDA-PSBMA 强大的抗污能力，可抵抗牛乳中各种污染物的非特异性吸附，有效降低表面污染问题，还得益于 TC 适配体出色的识别能力。与 HPLC 方法相比，使用所制备的 Apt/PDA-

PSBMA/GCE 更为省时省力。

表 3-4　所构建抗污传感器与 HPLC 法在牛乳样品检测中的加标回收率

样品序号	加标浓度 /（ng/mL）	测量浓度 /（ng/mL）	回收率（平均值 ± 相对标准偏差，n=3）/%	HPLC 验证（平均值 ± 相对标准偏差，n=3）/%
1	25.0	25.0	100.0±1.4	95.6±1.6
2	50.0	51.8	103.6±7.4	92.9±0.9
3	75.0	78.3	104.4±2.4	96.7±1.4

参考文献

[1] Leng C, Sun S, Zhang K, et al. Molecular level studies on interfacial hydration of zwitterionic and other antifouling polymers in situ [J]. Acta Biomaterialia, 2016, 40: 6–15.

[2] Liu B, Liu X, Shi S, et al. Design and mechanisms of antifouling materials for surface plasmon resonance sensors [J]. Acta Biomaterialia, 2016, 40: 100–118.

[3] Jiang C, Wang G, Hein R, et al. Antifouling strategies for selective *in vitro* and *in vivo* sensing [J]. Chemical Reviews, 2020, 120 (8): 3852–3889.

[4] Jeon S I, Lee J H, Andrade J D, et al. Protein–surface interactions in the presence of polyethylene oxide: I. Simplified theory [J]. Journal of Colloid and Interface Science, 1991, 142 (1): 149–158.

[5] Chen S, Li L, Zhao C, et al. Surface hydration: Principles and applications toward low-fouling/nonfouling biomaterials [J]. Polymer, 2010, 51 (23): 5283–5293.

[6] Zhu X, Jańczewski D, Guo S, et al. Polyion multilayers with precise surface charge control for antifouling [J]. ACS Applied Materials & Interfaces, 2015, 7 (1): 852–861.

[7] Megelski S, Stephens J S, Chase D B, et al. Micro-and nanostructured surface morphology on electrospun polymer fibers [J]. Macromolecules, 2002, 35 (22): 8456–8466.

[8] Wang Y, Cui M, Jiao M, et al. Antifouling and ultrasensitive biosensing interface based on self-assembled peptide and aptamer on macroporous gold for electrochemical detection of immunoglobulin E in serum [J]. Analytical and Bioanalytical Chemistry, 2018, 410: 5871–5878.

[9] Vaisocherová H, Brynda E, Homola J. Functionalizable low-fouling coatings for label-free biosensing in complex biological media: Advances and applications [J]. Analytical and Bioanalytical Chemistry, 2015, 407: 3927–3953.

[10] Amiji M, Park K. Prevention of protein adsorption and platelet adhesion on surfaces by PEO/PPO/PEO triblock copolymers [J]. Biomaterials, 1992, 13 (10): 682–692.

[11] Li Y, Wu Q, Wu Z, et al. Biomimetic functional material-based sensors for food safety analysis: A review [J] . Food Chemistry, 2023, 405: 134974.

[12] Tanaka Y, Doi H, Iwasaki Y, et al. Electrodeposition of amine-terminatedpoly (ethylene glycol) to titanium surface [J] . Materials Science and Engineering: C, 2007, 27 (2): 206-212.

[13] Fernάndez F, Hegnerovά K, Piliarik M, et al. A label-free and portable multichannel surface plasmon resonance immunosensor for on site analysis of antibiotics in milk samples [J] . Biosensors and Bioelectronics, 2010, 26 (4): 1231-1238.

[14] Dalsin J L, Hu B H, Lee B P, et al. Mussel adhesive protein mimetic polymers for the preparation of nonfouling surfaces [J] . Journal of the American Chemical Society, 2003, 125 (14): 4253-4258.

[15] Dalsin J L, Lin L, Tosatti S, et al. Protein resistance of titanium oxide surfaces modified by biologically inspired mPEG-DOPA [J] . Langmuir, 2005, 21 (2): 640-646.

[16] Chen S, Cao Z, Jiang S. Ultra-low fouling peptide surfaces derived from natural amino acids [J] . Biomaterials, 2009, 30 (29): 5892-5896.

[17] Ye H, Wang L, Huang R, et al. Superior antifouling performance of a zwitterionic peptide compared to an amphiphilic, non-ionic peptide [J] . ACS Applied Materials & Interfaces, 2015, 7 (40): 22448-22457.

[18] Han R, Wang G, Xu Z, et al. Designed antifouling peptides planted in conducting polymers through controlled partial doping for electrochemical detection of biomarkers in human serum [J] . Biosensors and Bioelectronics, 2020, 164: 112317.

[19] Cui M, Wang Y, Jiao M, et al. Mixed self-assembled aptamer and newly designed zwitterionic peptide as antifouling biosensing interface for electrochemical detection of alpha-fetoprotein [J] . ACS Sensors, 2017, 2 (4): 490-494.

[20] Li Y, Wang L, Ding C, et al. Highly selective ratiometric electrogenerated chemiluminescence assay of DNA methyltransferase activity via polyaniline and anti-fouling peptide modified electrode [J] . Biosensors and Bioelectronics, 2019, 142: 111553.

[21] Liu N, Song J, Lu Y, et al. Electrochemical aptasensor for ultralow fouling cancer cell quantification in complex biological media based on designed branched peptides [J] . Analytical Chemistry, 2019, 91 (13): 8334-8340.

[22] Chen M, Song Z, Han R, et al. Low fouling electrochemical biosensors based on designed

Y-shaped peptides with antifouling and recognizing branches for the detection of IgG in human serum [J] . Biosensors and Bioelectronics, 2021, 178: 113016.

[23] Song Z, Ma Y, Chen M, et al. Electrochemical biosensor with enhanced antifouling capability for COVID-19 nucleic acid detection in complex biological media [J] . Analytical Chemistry, 2021, 93 (14): 5963-5971.

[24] Li C, Xia Y, Liu C, et al. Lubricin-inspired loop zwitterionic peptide for fabrication of superior antifouling surfaces [J] . ACS Applied Materials & Interfaces, 2021, 13 (35): 41978-41986.

[25] Zhao S, Qiao X, Chen M, et al. D-amino acid-based antifouling peptides for the construction of electrochemical biosensors capable of assaying proteins in serum with enhanced stability [J]. ACS Sensors, 2022, 7 (6): 1740-1746.

[26] Li Y, Han R, Yu X, et al. A low-fouling electrochemical biosensor based on multifunction branched peptides with antifouling, antibacterial and recognizing sequences for protein detection in saliva [J] . Sensors and Actuators B: Chemical, 2024, 405: 135322.

[27] Yang X, Chen P, Zhang X, et al. An electrochemical biosensor for HER_2 detection in complex biological media based on two antifouling materials of designed recognizing peptide and PEG [J] . Analytica Chimica Acta, 2023, 1252: 341075.

[28] Song Z, Chen M, Ding C, et al. Designed three-in-one peptides with anchoring, antifouling, and recognizing capabilities for highly sensitive and low-fouling electrochemical sensing in complex biological media [J] . Analytical Chemistry, 2020, 92 (8): 5795-5802.

[29] Li Y, Wu Q, Wu Z, et al. Biomimetic functional material-based sensors for food safety analysis: A review [J] . Food Chemistry, 2023, 405: 134974.

[30] Jiang C, Wang G, Hein R, et al. Antifouling strategies for selective *in vitro* and *in vivo* sensing [J] . Chemical Reviews, 2020, 120 (8): 3852-3889.

[31] Wu J, Lin W, Wang Z, et al. Investigation of the Hydration of nonfouling material poly (sulfobetaine methacrylate) by low-field nuclear magnetic resonance [J] . Langmuir, 2012, 28 (19): 7436-7441.

[32] 李国柱 . 若干仿生黏性两性离子聚合物的合成及用于制备功能化超低污染表面的研究 [D] . 天津: 天津大学, 2010.

[33] Chen S, Zheng J, Li L, et al. Strong resistance of phosphorylcholine self-assembled monolayers to protein adsorption: insights into nonfouling properties of zwitterionic materials

[J]. Journal of the American Chemical Society, 2005, 127 (41): 14473-14478.

[34] Chen S, Liu L, Jiang S. Strong Resistance of Oligo (phosphorylcholine) Self-assembled monolayers to protein adsorption [J]. Langmuir, 2006, 22 (6): 2418-2421.

[35] Lowe A B, McCormick C L. Synthesis and solution properties of zwitterionic polymers [J]. Chemical Reviews, 2002, 102 (11): 4177-4190.

[36] Chou Y, Wen T, Chang Y. Zwitterionic surface grafting of epoxylated sulfobetaine copolymers for the development of stealth biomaterial interfaces [J]. Acta Biomaterialia, 2016, 40: 78-91.

[37] Chang Y, Chen S, Zhang Z, et al. Highly protein-resistant coatings from well-defined diblock copolymers containing sulfobetaines [J]. Langmuir, 2006, 22 (5): 2222-2226.

[38] Wang J, Hui N. Zwitterionic poly (carboxybetaine) functionalized conducting polymer polyaniline nanowires for the electrochemical detection of carcinoembryonic antigen in undiluted blood serum [J]. Bioelectrochemistry, 2019, 125: 90-96.

[39] Elzeinová F, Pěknicová J, Děd L, et al. Adverse effect of tetracycline and doxycycline on testicular tissue and sperm parameters in CD1 outbred mice [J]. Experimental and Toxicologic Pathology, 2013, 65 (6): 911-917.

[40] Niazi J H, Lee S J, Gu M B. Single-stranded DNA aptamers specific for antibiotics tetracyclines [J]. Bioorganic & Medicinal Chemistry, 2008, 16 (15): 7245-7253.

[41] Liu N, Song J, Lu Y, et al. Electrochemical aptasensor for ultralow fouling cancer cell quantification in complex biological media based on designed branched peptides [J]. Analytical Chemistry, 2019, 91 (13): 8334-8340.

[42] Lowe S, O'Brien-Simpson N M, Connal L A. Antibiofouling polymer interfaces: Poly (ethylene glycol) and other promising candidates [J]. Polymer Chemistry, 2015, 6 (2): 198-212.

[43] Woody R W. Circular dichroism spectrum of peptides in the poly (Pro) Ⅱ conformation [J]. Journal of the American Chemical Society, 2009, 131 (23): 8234-8245.

[44] Greenfield N J. Using circular dichroism spectra to estimate protein secondary structure [J]. Nature protocols, 2006, 1 (6): 2876-2890.

[45] Zhao S, Liu N, Wang W, et al. An electrochemical biosensor for alpha-fetoprotein detection in human serum based on peptides containing isomer D-Amino acids with enhanced stability and antifouling property [J]. Biosensors and Bioelectronics, 2021, 190: 113466.

[46] Eisenhaber F, Lijnzaad P, Argos P, et al. The double cubic lattice method: Efficient

approaches to numerical integration of surface area and volume and to dot surface contouring of molecular assemblies [J]. Journal of Computational Chemistry, 1995, 16 (3): 273–284.

[47] Dalsin J L, Lin L, Tosatti S, et al. Protein resistance of titanium oxide surfaces modified by biologically inspired mPEG–DOPA [J]. Langmuir, 2005, 21 (2): 640–646.

[48] Dalsin J L, Hu B H, Lee B P, et al. Mussel adhesive protein mimetic polymers for the preparation of nonfouling surfaces [J]. Journal of the American Chemical Society, 2003, 125 (14): 4253–4258.

[49] Bai X, Lu B, Chen X, et al. Reversible detection of vancomycin using peptide–functionalized cantilever array sensor [J]. Biosensors and Bioelectronics, 2014, 62: 145–150.

[50] Poteau R, Trinquier G. All–cis helical polypeptides [J]. The Journal of Organic Chemistry, 2007, 72 (22): 8251–8258.

[51] Ruseva K, Ivanova K, Todorova K, et al. Poly (sulfobetaine methacrylate) /poly (ethylene glycol) hydrogels for chronic wounds management [J]. European Polymer Journal, 2019, 117: 391–401.

[52] Jiang H Y, Li P, Ye J, et al. Synthesis and photocatalytic properties of metastable β–Bi_2O_3 stabilized by surface–coordination effects [J]. Journal of Materials Chemistry A, 2015, 3(9): 5119–5125.

[53] Ge K, Huang Y, Zhang H. Fabrication of hierarchical β–Bi_2O_3/AuAg microspheres for sensitive, selective and rapid detection of environment pollutants by surface–enhanced Raman spectroscopy [J]. Spectrochimica Acta Part A: Molecular and Biomolecular Spectroscopy, 2023, 285: 121907.

[54] Hou X, Du Q, Li R, et al. Feleucin–BO 1: A novel antimicrobial non–peptide amide from the skin secretion of the toad, bombina orientalis, and design of a potent broad–spectrum synthetic analogue, feleucin–K3 [J]. Chemical Biology & Drug Design, 2015, 85 (3): 259–267.

[55] Guo X, Rao J, Yan T, et al. Feleucin–K3 analogue with an α– (4–Pentenyl) –Ala substitution at the key site has more potent antimicrobial and antibiofilm activities in vitro and in vivo [J]. ACS Infectious Diseases, 2020, 7 (1): 64–78.

[56] Liu Z, Yang F, Si W, et al. Impact of charge composition and distribution on the antibacterial properties of polypeptide coatings [J]. ACS Macro Letters, 2022, 11 (12): 1373–1377.

[57] Wang J, Wang D, Hui N. A low fouling electrochemical biosensor based on the zwitterionic

polypeptide doped conducting polymer PEDOT for breast cancer marker BRCA1 detection [J]. Bioelectrochemistry, 2020, 136: 107595.

[58] Chen M, Song Z, Han R, et al. Low fouling electrochemical biosensors based on designed Y–shaped peptides with antifouling and recognizing branches for the detection of IgG in human serum [J] . Biosensors and Bioelectronics, 2021, 178: 113016.

[59] Baker E G, Williams C, Hudson K L, et al. Engineering protein stability with atomic precision in a monomeric miniprotein [J] . Nature Chemical Biology, 2017, 13 (7): 764–770.

[60] Li C, Li M, Qi W, et al. Effect of hydrophobicity and charge separation on the antifouling properties of surface–tethered zwitterionic peptides [J] . Langmuir, 2021, 37 (28): 8455–8462.

[61] Sharafeldin M, Davis J J. Characterising the biosensing interface [J] . Analytica Chimica Acta, 2022, 1216: 339759.

[62] Ham H O, Park S H, Kurutz J W, et al. Antifouling glycocalyx–mimetic peptoids [J] . Journal of the American Chemical Society, 2013, 135 (35): 13015–13022.

[63] Hamley I W. Small bioactive peptides for biomaterials design and therapeutics [J] . Chemical Reviews, 2017, 117 (24): 14015–14041

[64] Jiang S, Cao Z. Ultralow–fouling, functionalizable, and hydrolyzable zwitterionic materials and their derivatives for biological applications [J] . Advanced Materials, 2010, 22 (9): 920–932.

[65] Chen S, Liu L, Jiang S. Strong resistance of oligo (phosphorylcholine) self–assembled monolayers to protein adsorption [J]. Langmuir, 22(2006) : 2418–2421.

[66] Li G, Cheng G, Xue H, et al. Ultra–low fouling zwitterionic polymers with a biomimetic adhesive group [J] . Biomaterials, 2008, 29 (35): 4592–4597.

[67] Xiao Y, Li C, Yu S, et al. Synthesis and characterization of p–toluenesulfonate incorporated poly (3,4– ethylenedioxythiophene) [J] . Talanta, 2007, 72 (2): 532–538.

[68] Ali S A, Ayalew H, Gautam B, et al. Detection of SARS–CoV–2 spike protein using micropatterned 3D poly (3,4–Ethylenedioxythiophene) nanorods decorated with gold nanoparticles [J] . ACS Applied Materials & Interfaces, 2024.

[69] Lima A, Schottland P, Sadki S, et al. Electropolymerization of 3,4–ethylenedioxythiophene and 3,4– ethylenedioxythiophene methanol in the presence of dodecylbenzenesulfonate [J] . Synthetic Metals, 1998, 93 (1): 33–41.

[70] Zhu B, Luo S, Zhao H, et al. Large enhancement in neurite outgrowth on a cell membrane-mimicking conducting polymer [J]. Nature Communications, 2014, 5 (1): 4523.

[71] Wang X, Niessner R, Tang D P, et al. Nanoparticle-based immunosensors and immunoassays for aflatoxins [J]. Analytica Chimica Acta, 2016, 12: 10-23.

[72] Zhang Y, Chen X F, Xie X Y, et al. Research progress in the detection of aflatoxin B1 based on aptamers [J]. Current Analytical Chemistry, 2024, 20 (4): 242-254.

[73] Udomkun P, Wiredu A N, Nagle M, et al. Innovative technologies to manage aflatoxins in foods and feeds and the profitability of application: A review [J]. Food Control, 2017, 76: 127-138.

[74] Snyder D, Emrick T. Embedding thiols into choline phosphate polymer zwitterions [J]. Macromolecular Rapid Communications, 2024, 45, 8.

[75] Wang A, Szostak J W. Lipid constituents of model protocell membranes [J]. Emerging Topics in Life Sciences, 2019, 3 (5): 537-542.

[76] Ross E E, Spratt T, Liu S C, et al. Planar supported lipid bilayer polymers formed by vesicle fusion. 2. adsorption of bovine serum albumin [J]. Langmuir, 2003, 19 (5): 1766-1774.

[77] Pan L M, Zhao X, Wei X, et al. Ratiometric luminescence aptasensor based on dual-emissive persistent luminescent nanoparticles for autofluorescence and exogenous interference-free determination of trace aflatoxin B1 in food samples [J]. Analytical Chemistry, 2022, 94(16): 6387-6393.

[78] Wang P L, Lin Z Y, Su X O, et al. Application of Au based nanomaterials in analytical science [J]. Nano Today, 2017, 12: 64-97.

[79] Hong Y Z, Li C S, Yin B X, et al. Promoting visible-light-induced photocatalytic degradation of tetracycline by an efficient and stable β-Bi_2O_3@g-C_3N_4 core/shell nanocomposite [J]. Chemical Engineering Journal, 2018, 338: 137-146.

[80] Chen S F, Zheng J, Li L Y, et al. Strong resistance of phosphorylcholine self-assembled monolayers to protein adsorption: insights into nonfouling properties of zwitterionic materials [J]. Journal of the American Chemical Society, 2005, 127 (41): 14473-14478.

[81] Ge K, Huang Y H, Zhang H Q. Fabrication of hierarchical β-Bi_2O_3/AuAg microspheres for sensitive, selective and rapid detection of environment pollutants by interface-enhanced raman spectroscopy [J]. Spectrochimica Acta Part A: Molecular and Biomolecular Spectroscopy, 2023, 285, 10.

[82] Lee H, Dellatore S M, Miller W M, et al. Mussel-inspired surface chemistry for multifunctional coatings [J]. Science, 2007, 318 (5849): 426–430.

[83] 杨皓程. 基于聚多巴胺/聚乙烯亚胺共沉积技术的聚合物膜表界面工程 [D]. 杭州: 浙江大学, 2017.

[84] Yang H, Luo J, Lv Y, et al. Surface engineering of polymer membranes via mussel-inspired chemistry [J]. Journal of Membrane Science, 2015, 483: 42–59.

[85] Zhang C, Ma M, Chen T, et al. Dopamine-triggered one-step polymerization and co-deposition of acrylate monomers for functional coatings [J]. ACS Applied Materials & Interfaces, 2017, 9 (39): 34356–34366.

[86] Feng T, Ji W, Zhang Y, et al. Zwitterionic polydopamine engineered interface for in vivo sensing with high biocompatibility [J]. Angewandte Chemie, 2020, 132 (52): 23651–23655.

[87] Li G, Cheng G, Xue H, et al. Ultra-low fouling zwitterionic polymers with a biomimetic adhesive group [J]. Biomaterials, 2008, 29 (35): 4592–4597.